クラウド・フォレンジックの基礎

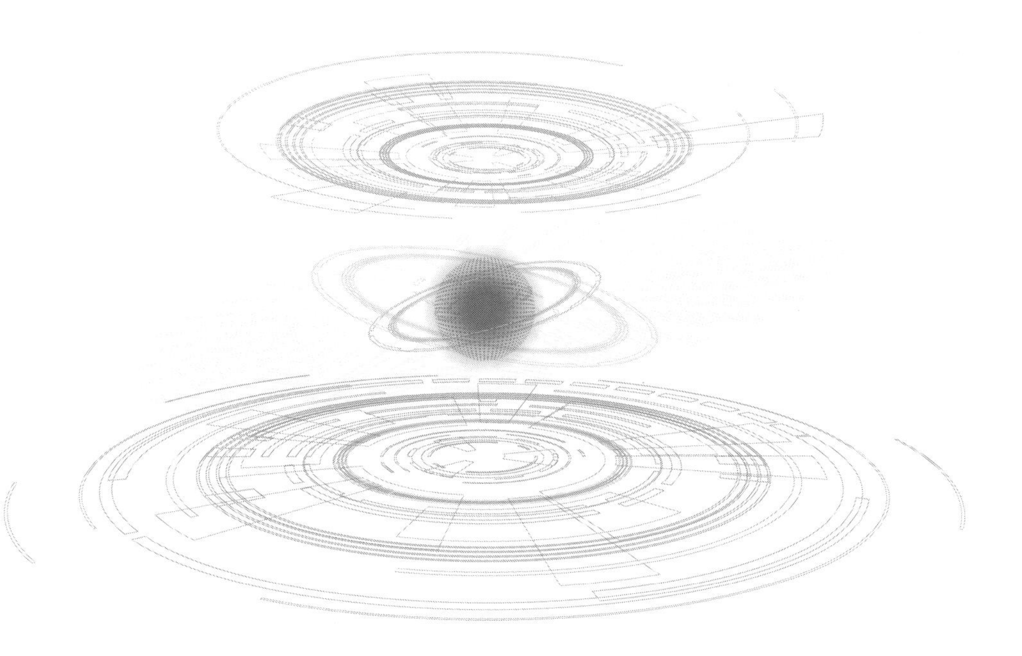

一般財団法人 保安通信協会
調査研究部会 羽室 英太郎 小瀬 聡幸 編著

東京法令出版

はしがき

社会の様々な活動がサイバー空間で展開されるようになって以降、その不正利用やIT技術を悪用する犯罪も増加するようになりました。

弊会におきましては、このような犯罪事案に対処することを目的に、デジタル・フォレンジックの基礎やサイバー事案発生時における証拠保全等の初動対応に必要な知識をまとめ、平成28年度から、『**デジタル鑑識の基礎（上）**』、『**デジタル鑑識の基礎（中）～インシデントレスポンスと初動対応～**』、『**デジタル鑑識の基礎（下）～証拠保全～**』を刊行し、令和３年度には『**デジタル鑑識の基礎（上）**』を改訂しております。

これらの書籍は、弊会の調査研究事業として活動している**「調査研究部会」**の**「デジタル・フォレンジック分科会」**において検討を積み重ねてまいりました成果であり、デジタル・フォレンジックや情報セキュリティサービスに関する業務に従事されている民間の事業者を中心とするワーキンググループの委員のみならず、オブザーバーとして参画いただきました警察機関等官公庁の担当官の皆様にも厚く御礼申し上げます。

さて、昨今は政府機関を含め様々なITインフラが「クラウド」にシフトしております。

従来のようなパソコン機器やサーバシステムのみならず、各種のIoT（Internet of Things）機器やセンサー等が直接クラウドにも接続され、益々社会基盤としての重要性を増しております。

しかしながら、クラウドサービスへの依存度が高まるにつれ、このサービスを悪用したり脆弱性を突いたサイバー攻撃等が行われてサービスが停止したならば、その社会的な影響は膨大なものとなります。

クラウド基盤はIT技術の粋を集めたサービスでもありますので、その復旧や障害対応、捜査に関する知識や技能を習得する敷居はかなり高いものとなっております。

このような状況に対応するため、今般、クラウドサービスの仕組みやセキュリティ対策、フォレンジックに関して、基礎的な知識等を整理して本書を上梓することとしました。

法執行機関のみならず、民間企業等におかれましてクラウド業務を管理されておられる方々にとって、少しでも参考になれば幸いです。

令和７年１月

一般財団法人保安通信協会
理事長　金井　洋

目　次

第1部　クラウド・フォレンジックに関する基礎知識

第1部

クラウド・フォレンジックに関する基礎知識

第1章 本書について

従来は「デジタル・フォレンジック」というと、パソコンやスマートフォンに記録された情報（デジタル・データ）を、いかに適切に保全、保管、解析し、人が認識できる形として表す、すなわち「見える化」により、事実解明や捜査活動を行う際の技術や手法を指すものでしたが、現在のように様々な形で「クラウド」の利用が拡大すると、クラウドに保存されたデータが違法行為に関係したり、クラウド自体がサイバー攻撃等の標的になるリスクが高くなります。

本書は「クラウド」に関する「デジタル・フォレンジック」について、システム環境の理解、作業方針・計画立案過程から実際の作業推進の際にいささかでも役立つ情報を、という視点で整理したものです。

クラウドに関する技術やサービス等については、まだまだ発展途上にありますので、最新状況については、その都度確認いただきたいと思いますが、基本的な考え方等について理解の助けとなれば幸いです。

1.1 背景

近年、個人や企業・組織で利用されているシステムがクラウド利用のものへと移行しています。総務省の『**令和４年版　情報通信白書**』で日本の約７割の企業でクラウドを利用し、『**令和５年版　情報通信白書**』でそのサービス市場が益々増大していることが記載されています。

何より、政策面において、デジタル化が急速に進展しているのと歩調を合わせてクラウド利用・普及に向けた取組が進められています。

例えば、

・平成29年5月「デジタル・ガバメント推進方針」

⇒**「クラウド・バイ・デフォルト原則」**

・平成29年12月「デジタル・ガバメント推進標準ガイドライン」

→令和元年12月「デジタル手続法（情報通信技術を活用した行政の推進等に関する法律）」

・令和3年3月「政府情報システムにおけるクラウドサービスの利用に係る基本方針」

等、電子政府の確立等、行政の効率化等と併せた形で推進されています。

そもそもは、2010年以降、アメリカ連邦政府が**「クラウドファースト」**として、ITシステムの調達・利用の際に「クラウド利用を第一とする」という形ではじまったものです。

さらに、新型コロナウイルス感染症の急激な感染拡大を契機として、テレビ会議等により業務のテレワーク・リモートワーク化が進められましたが、この際にも各種クラウドサービスの利用が進められ、結果として民間での「クラウド利用」が進みました。

従来は、組織内のサーバやデータセンターのシステム、その中に保存された情報データの保守管理等に注力していたものが、クラウドサービスの利用にシフトすることにより、様々なメリットを享受できるようになった一方で、クラウドへの攻撃やクラウドを舞台とした犯罪にも向き合わなければならないようになってきた、というのが現状かもしれません。

1.2 想定している読者

「クラウド」を対象としたフォレンジックや捜査活動は、既存のデジタル・フォレンジックと共通する部分が多い一方で、クラウドのシステムやサービスは、従来とは別次元で高度化が進められています。

そのほとんどが「仮想化」されたシステム・ネットワーク上で、ロードバランシング（負荷分散）が図られ、複数顧客のニーズ（ワークロード）に対応

（マルチテナンシー）して柔軟に対応する能力（スケーラビリティ）を保有する等、概念的にも用語的にも馴染みがないものが多いため、これらの用語を説明するだけでも骨が折れる作業となっています。

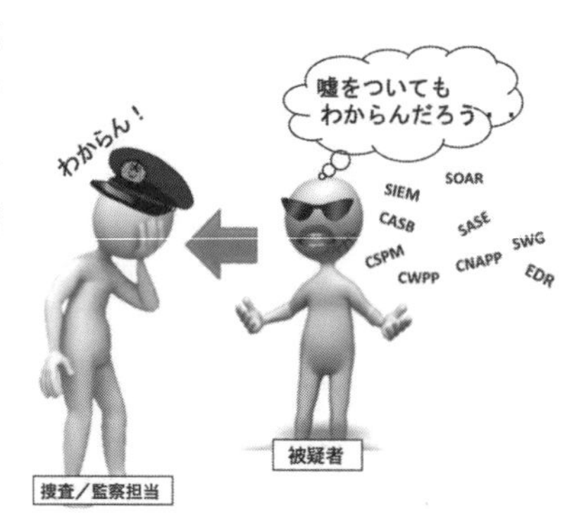

本書では、既にある程度、「デジタル・フォレンジック」の手続に関する基本知識を有していて「クラウド」に対する攻撃に対処したり、クラウドを悪用した犯罪等に関する捜査や調査、フォレンジックを担当する方を読者として想定しています。

「クラウド」の障害や「クラウド」が攻撃対象となるサイバー攻撃が発生した場合、その障害原因を特定したり、攻撃の場合には、侵入場所の特定、攻撃の手口（手法）の解明等も必要となります。

その際に、「クラウド」の全てのシステムを停止させて解析作業が行えればよいのかもしれませんが、「クラウドサービス」を利用する多くのユーザの利便性、サービスを提供する組織の損害等を考慮すれば、クラウドは**「ミッションクリティカル」**なシステム、サービス基盤となっていますので、迅速な対処や復旧を行うことが不可欠です。

さらに事案等が再発しないようシステムや組織も含めた防止対策を確実にとることも求められますので、セキュリティ対策の面でも、ある程度の技術やサービス動向も知っておいていただきたいと思います。

本書はこのような観点から、第1部の基礎編と第2部の（若干）応用編（具体例）のような形で分けてまとめています。不十分な点も多々あろうかと存じますので、皆様からのご指摘をお待ちしています。

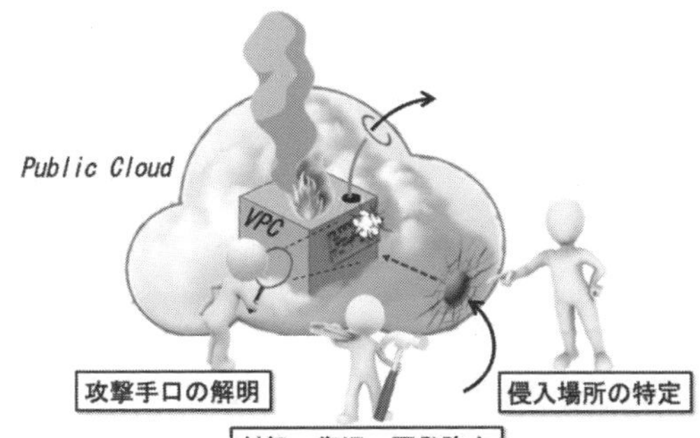

「デジタル・フォレンジック」に関する基礎的な知識に関しては、

・一般財団法人　保安通信協会編著
『デジタル鑑識の基礎（上）第２版』2021・東京法令出版
・羽室英太郎・國浦淳編著
『デジタル・フォレンジック概論』2015・東京法令出版

等が参考となります。

また、特定非営利活動法人デジタル・フォレンジック研究会からは、2023年に「証拠保全ガイドライン　第９版」がまとめられています。

第2章 クラウドサービスの基礎知識

2.1 クラウドサービスとは？

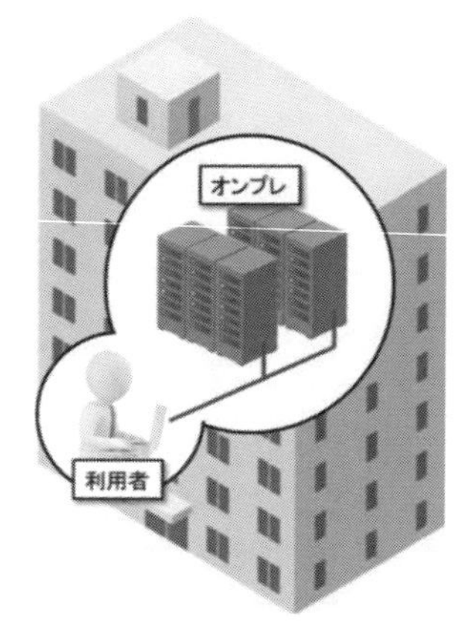

クラウドサービスにどのような種類があるのか？ということを、まずシステムの構成に着目して説明します。

従来は、システムの稼働に必要なハードウェアやOS、アプリケーション、データの全てを利用者側で調達・構築し、管理運用してきました。

このような利用形態は「**オンプレミス（on-premises）**」と呼ばれています（略して**“オンプレ”**）。

これに対してクラウドサービスは、ハードウェア、OS、アプリケーションの一部または全てが構築済みのシステム基盤として利用可能なサービスを意味します。

本書ではクラウドサービスを提供している企業やそのクラウドサービスのプラットフォーム、システム基盤を構築・運用する企業を「クラウドサービス事業者」、そしてクラウドサービスを利用する人や組織を「利用者」と呼んでいます。

クラウドサービスは次の図のようにクラウドサービス事業者が提供するシステム基盤のレイヤーによって**SaaS(Software as a Service)**、**PaaS (Platform as a Service)**、**IaaS(Infrastructure as a Service)**と区別されていますが、これはハードウェアやOS等のコンポーネントを利用する上で、このコンポーネントごとに「事業者と利用者のどちらが責任を持つべきなのか？」を示すものなので**「責任共有モデル」**と呼ばれています。

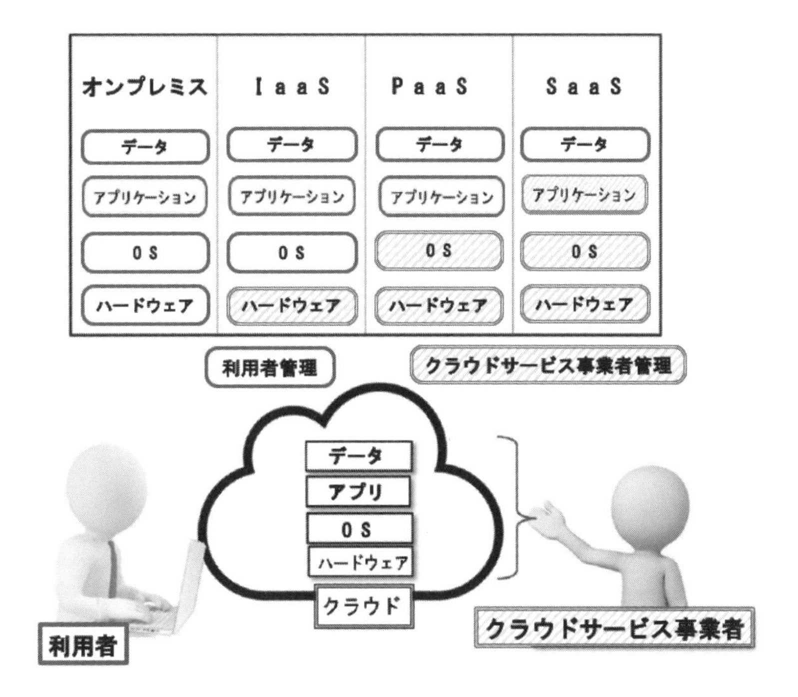

各サービス提供形態の特徴については次のとおりです。

2.1.1 SaaS

SaaSは、上図のようにクラウドサービス事業者が、クラウド上にアプリケーション層以下のレイヤーを構成した状態で提供するクラウドサービスです。

利用者はアプリケーションに対して、Webブラウザや専用のアプリケーションを通じてアクセスすることになります。利用者としては構築済みのアプリケーションが利用できますので、提供されたアプリケーションの設定以外、すなわちネットワークやサーバ、ストレージなどのリソースについて意識する必要がありません。

SaaSの例としてよく取り上げられるのがMicrosoft 365のメールサービスです。昔からMicrosoft社が提供するHotmail、Outlook等のメールサービスのお世話になっている人も多いかと思いますが、Exchange Online等ビジネス用のプランも多数用意されています。

利用者がサービスを契約すると、メールボックスなどが割り当てられます。アカウントの設定等は変更可能ですが、基盤システムやハードウェアの割当てなどはクラウドサービス事業者（Microsoft社）が管理しており、利用者側ではそれらがどのように管理されているかを把握することはできません。

本書ではコンシューマ向けのWebサービスについても、利用者がクラウド上のサービスにデータを置いているという観点で広義のSaaSとして取り扱っています。

2.1.2 PaaS

PaaSはクラウドサービス事業者がクラウド上に、ハードウェアやOS、ミドルウェアやデータベース、サーバ等、アプリの動作に必要なプラットフォームを提供するサービスです。

利用者はハードウェアの構成等を変更することはできませんが、スピーディーにサービスを提供することが可能なことから、利用も進んでいます。

具体的なPaaSの例は4.4.1で説明しますが、AWSのElastic Beanstalk、Microsoft社のAzure App Service、Google CloudのApp Engine等がPaaSに該当します。

PaaSによく似たサービスに「サーバレス」があります。AWSのLambda、Azure Container Apps、Google CloudのCloud FunctionsやCloud Run等が該当します。

AWSの開発者ガイドのドキュメントには、AWSのLambdaの説明として**「サーバのプロビジョニングや管理をする必要がなく、コードを実行できるコンピューティングサービス」**と書かれていますが、この**"プロビジョニング（Provisioning）"**という用語自体も耳慣れないものですね。

"プロビジョニング"は"準備（用意）"等を意味していますが、利用者等の増大に伴いそのサーバの規模（容量等）をスケールアップ（拡大）することが可能な**「サーバレスでイベント駆動型のコンピューティングサービス」**が"Lambda"のサービスです。

JavaやPython、Go、Ruby、C#等の言語で書かれたアプリだけを用意しておけば、トリガーとなるイベントが発生した時だけクラウドのサーバ等が自動的に利用できるようになりますので、運用コストの削減を図ることができます。

“オンプレ”のシステムで、急激に利用者が急増しアクセスが集中するような場合には、サーバの増設工事が追い付かない、という事態が発生します。

しかし、Lambda等のサービスを活用すれば、ニーズの変動に柔軟に対応し拡張可能なシステム基盤上にアプリケーションを構築して、Webサービス等を迅速に展開することが可能です。

突発的なトラフィック、処理リクエストの増大が発生した場合でも、的確に処理ができる（パフォーマンスの維持）ための機能として、AWS等では**「オートスケーリング（Auto Scaling）」**等の機能が用意されていて、CPUやメモリの割当てを増加させることにより**「自動的にプロビジョニングが可能」**となります。

このようなシステムは**「スケーラビリティが高い」**ことになります（その分、費用も“高く”なりますが……。）。

2.1.3 IaaS

IaaSはクラウドサービス事業者がクラウド上にハードウェア層以下のレイヤーを構成して提供するサービスです。

利用者は構築済みのハードウェア上にOS層以上のレイヤーを実装することによりシステムとして利用することができるようになります。

昔は「データセンター」にサーバ機器を**「ハウジング」**してサーバ等を構築する、サーバ機器をレンタルして運用する（**ホスティング**）等の形でWeb

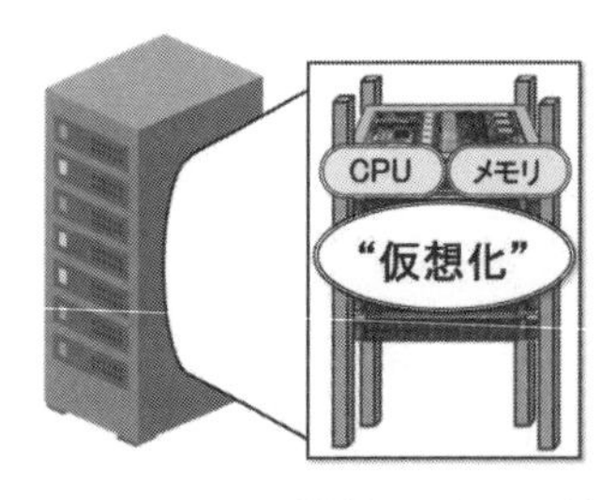

サイト等を構築することも多かったのですが、IaaSの場合には、ハードウェアの管理はクラウドサービス事業者が行い、利用者は提供されるハードウェアのメモリのサイズやCPUのスペックを選択して利用できるようになっているのが一般的です。

システムの構築・運用に係る自由度は最も高くなりますが、その分、管理責任も重くなります。

これらのリソースを柔軟に割り当てるために「仮想化」技術が用いられています。

IaaSの例としてはAWSのEC2（Amazon Elastic Compute Cloud：アマゾン社の“仮想サーバ”サービス）などがあります。

2.2 その他の「クラウド」

2.2.1 パブリック／プライベート

Microsoft社のAzure、Amazon社のAWS、Google社のGoogle Cloud等は、一般の利用者が使用することが可能なクラウドサービスのため、**「パブリッククラウド」**と呼ばれています。

これに対して、企業等の**「オンプレ」**で構築していたシステムをクラウド上に移行して構築したり、サービスとして提供されるアプリをカスタマイズしたりして、その企業の従業員等が占有して利用する形のクラウドは**「プライベートクラウド」**と呼ばれ、広く一般からのアクセスは行われないため、高いセキュリティを確保しつつ業務を遂行することが可能なものとなっています。

オンプレ環境やプライベートクラウド、パブリッククラウド等、複数の異なる環境を組み合わせて運用する場合は**「ハイブリッドクラウド」**と呼ばれています。

2.2.2 マルチクラウド、マネージドクラウド

複数の同一環境、すなわち複数事業者のパブリッククラウドを利用してリスク分散を図る場合等は**「マルチクラウド」**と呼ばれます。

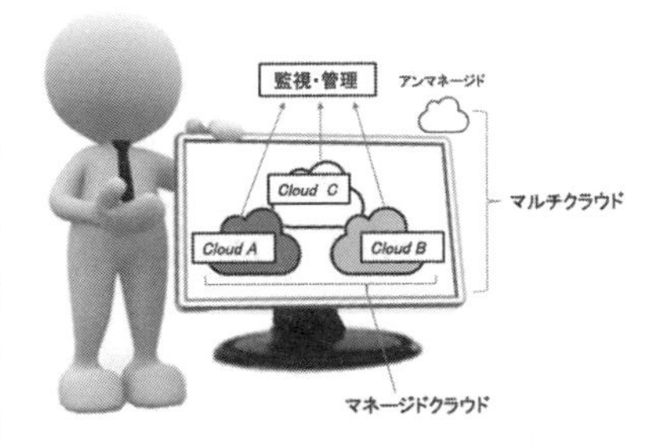

マルチクラウド等の複雑なシステムでは、それぞれの稼働状況をリアルタイムで正確に把握し、適切に運用管理する必要があります。そのための監視や管理を行うサービスを**MCMS（Multi Cloud Managed Service）**と呼び、外部から適切に管理されているクラウドは**「マネージドクラウド」**と呼ばれています（あるいはそう称してPRしています。）。
（管理されていない場合は、**「アンマネージドクラウド」**となります。）

2.3 クラウドの構成

2.3.1 データセンター（DC）

クラウドのデータセンターでは、サーバ群のみが稼働しているわけではありません。

機器類を接続するためのネットワークや電源も必要です。その電源も、安定的な受電に必要な定電圧定周波数装置（**CVCF：Constant Voltage Constant Frequency**）や、外部からの供給が途絶した場合を想定した発動発電機（発発）や無停電電源装置（**UPS：Uninterruptible Power Supply**）等を備えています。空調システムが正常稼働しなければ、サーバ群が機能を停止してしまうリスクも存在しています。

これらのシステムが正常に稼働しているかどうかを監視するためのカメラやセンサー、何より保守・運用管理のための担当者の動きも的確に把握する必要があり、これらのどこかに攻撃が行われたり、障害が発生した場合には、クラウドの運用も正常に行えなくなります。

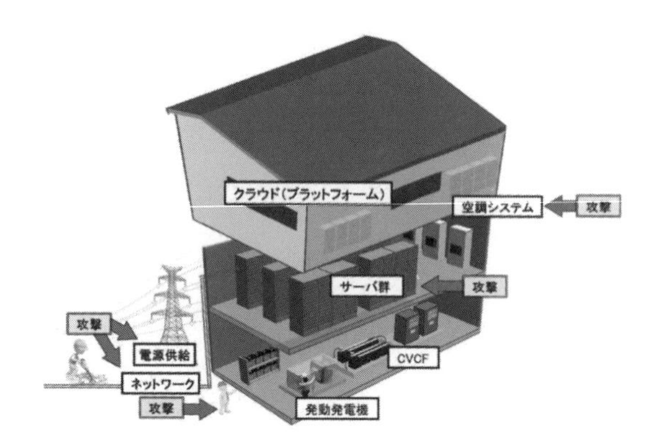

2.3.2 クラウド上の"住所" ～リージョン(Region)、ゾーン(Zone)

「クラウド」というと"世界中にネットワークが張り巡らされていて、どこでも利用できる"というイメージを抱いている人もいるかもしれませんが、実は遠くのデータセンターにアクセスしようとすると、やはり時間がかかりますので、ストレスなくインターネットを利用しようとすると、自分の近くにデータセンターが設置されている方が都合がいい、というのは「物流センター」等とも相通ずるのかもしれません。

首都圏にも多くのクラウド事業者のデータセンターが構築されていますが、今なら千葉県の印西市等にも多数のデータセンターが密集して構築されています。

パブリッククラウドのサービスを利用する際には、そのサービス事業者ごとにデータセンターを中心に「区域」分けを行っていますので、自組織等がどの領域に存在するのか、ということは、特に攻撃や障害が発生することを考えれば知っておいた方がよいのかもしれません。

首都圏、と書きましたが大きなクラウド上の大きなエリアは、**リージョン(Region)**と呼ばれています。

例えば、AWSのリージョン（国内）は、次のように表されています。

リージョン名称	コード
アジアパシフィック（東京）	ap-northeast-1
アジアパシフィック（大阪）	ap-northeast-3

ちなみに　ap-northeast-2　は韓国（ソウル）です。

なお、正式には「アジアパシフィック（東京）」と呼ばれるリージョンは、単に**“東京リージョン”**と呼ばれ、実際には　ap-northeast-1a、ap-northeast-1b、ap-northeast-1c、ap-northeast-1dの４つのAZに分かれ、同様に**“大阪リージョン”**もap-northeast-3a ～ 3c の３つのAZに分かれています。

同様に、Azureのリージョンは　「東日本」、「西日本」。

Google Cloud では　日本の「リージョンコード」は「2」（**東京リージョン**と**大阪リージョン**。「２」はヨーロッパ（ポーランド・ルーマニア・チェコ共和国を含む。）、中東地域（サウジアラビア・エジプト・イラン・南アフリカを含む。）と同じ。）。

データセンターを中心とした領域はゾーン（Zone）と呼ばれます。

クラウド事業者によっては**AZ（Availability Zone：アベイラビリティ・ゾーン）**と呼んでいます（AWSやAzure）。

同一ゾーン内に複数のデータセンターがある場合もありますが、相互に仮想化されたネットワークで接続されていますので、どのデータセンターに属しているのか？ということは意識しないで利用することが可能です。

対障害性を向上させるため等の理由により複数のAZを利用する場合には、**「マルチAZ構成」**等と呼ばれます。

予備のサーバ等をクラウドで準備しておくことは**「サーバプロビジョニング」**と呼ばれますが、このような予備の機器・ネットワークは**“プロビ”**と略されたりします。

このように仮想化されたネットワーク（Virtual Network）についても、事業者ごとに表記は異なっていて、利用者が仮想的に区分されたネットワークエリア（仮想プライベートクラウド）を利用する際、

アマゾンAWS では　VPC（Virtual Private Cloud） マイクロソフトAzureでは　VNet（Virtual Network） グーグル　Google Cloud では　VPC（Virtual Private Cloud）

と呼んでいます。

これらの仮想ネットワークは管理しやすいように**「サブネット」**と呼ばれる小分けしたネットワークに分割されて利用されます。

AzureやGoogle Cloudでは、ゾーンをまたいだ「サブネット」の設定が可能ですが、AWSではAZをまたがるようなサブネットの設定を行うことはできない等、サービスごとに相違があることにも注意が必要です。

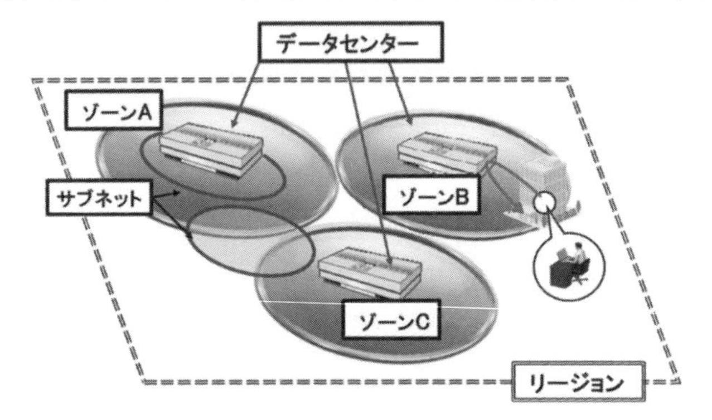

第3章
クラウドのセキュリティ

新型コロナウイルス感染症の感染が拡大した時期から、インターネット経由のオンラインミーティング、Web会議の利用が増加しました。

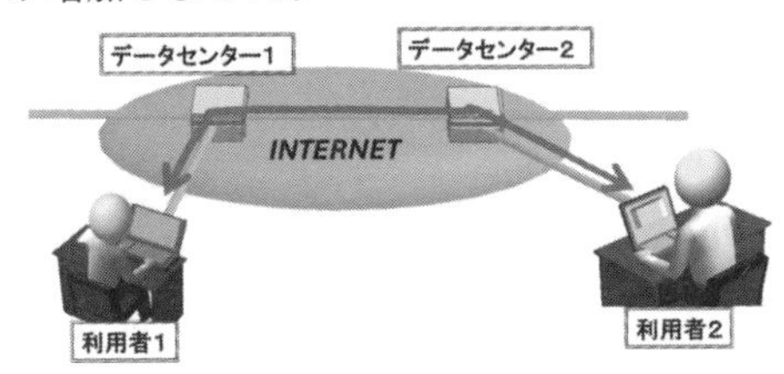

このようなオンライン会議のツール（アプリ）を提供する企業には、データセンターが設置されていて、そのデータセンターにおいて利用者相互が接続を行うことによりミーティングが成立すると思っている人はまだまだ多いかもしれません。

例えば、よく利用されるWeb会議ツールの「Zoom」では、専用アプリを利用して、ミーティングや社内研修、オンラインセミナー、クラウド電話の利用が可能です。Zoomではビデオ通話の際に利用できるプロトコルとしては、標準的な**H.323**、**SIP（Session Initiation Protocol）**が利用可能となっています。

このようなZoomのサービスに対し、ログイン情報の窃取、**Zoom爆弾（Zoombombing）**等のアカウントの不適切な管理を突いた攻撃、アプリの脆弱性から侵入し利用者のマイクやWebカメラを乗っ取る等、様々な攻撃も行われています。

Zoom以外にも多くのオンラインミーティングを実施できるサービスやアプリがしのぎを削っていますし、専用のデータセンターを持つサービスだけでなく、クラウド上の“部屋”の中で、ミーティングが開催できるようになっているサービスもあります。

また、利用プロトコルも、前ページに書きましたH.323/SIPのようなUDPを用いるものやTCPを利用するもの、あるいはその混在型のものなど様々です。

Zoomの場合、TCP80, 443, 8801, 8802、UDP3478, 3479, 8801-8810のポートが利用されています。

同様に、クラウドサービスのMicrosoft Teams では、TCP 80, 443、UDP3478, 3479, 3480, 3481等と、サービスによってファイアウォールに開けるポート（“穴”）が異なりますので、ファイアウォール等の設定を正しく行う必要があります。

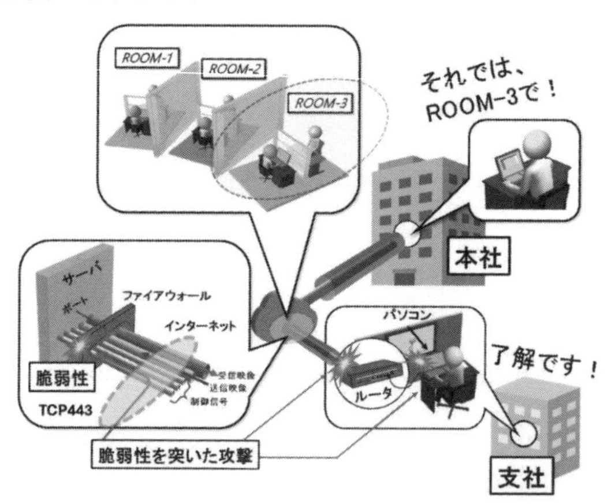

これ以外にもルータ（ファイアウォール）や端末パソコン等のOS、プログラム等にセキュリティホールがあったり、通信路が暗号化されていなかったりする場合には、盗聴等によりデータ内容が盗まれてしまいます。

またGoogle Chrome等のサービスでは、Webブラウザ間でリアルタイムに音声、映像、データ等の通信が可能な**WebRTC（Web Real-Time Communication）**の技術が利用される等、使用する際には、アプリやサービスに対応した的確な設定を行う必要があります。

その他、ビデオ関連のコーデック（符号化方式）には、MJPEG、H.264/MPEG-4、AVC/MP4、H.265/HEVC、WMV9、Xvid/avi、DivX等、様々な名称·方式のものが利用されていますので、これらのビデオ解析を行う際には、使用規格や伝送の際に利用するポート番号等に留意する必要があります。

現在は、オンラインミーティング以外にもクラウドを利用する機会やそのためのアプリが増加しています。これに伴いクラウドに対する攻撃やクラウド上のサービスを悪用した犯罪も増加し、クラウドやその周辺に保存されている個人情報、機密情報、暗号資産等が狙われるようになりました。

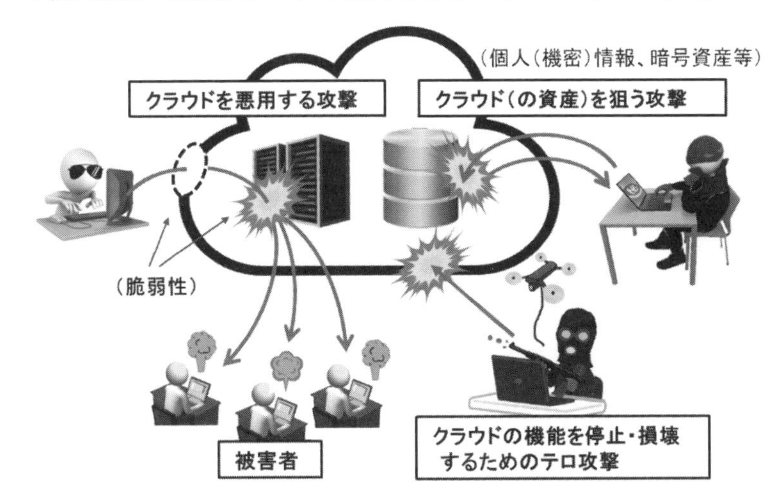

このため法執行機関では、サイバー攻撃等の“インシデント”を迅速・的確に把握するとともに、攻撃を受けた箇所や攻撃元の特定、被害の最少化と復旧等を支援したり、被疑者を特定することが求められます。

本章では、「クラウド」が対象となる捜査や解析を実施する前に、「クラウド」が攻撃や解析の対象となってきた経緯や手口を簡単に説明します。

3.1 「境界型セキュリティ」は通じない

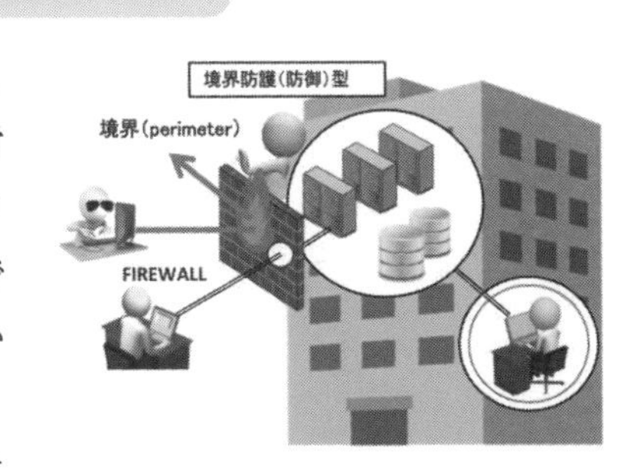

クラウドサービスを利用する際、**「クラウド事業者側でセキュリティ対策を行うのであろう」**と考えたり**「ファイアウォールを導入すればいいのでは？」**と思っている人はまだ多いのかもしれません。

「クラウド」を利用する際には、「オ

ンプレミス」型のシステムのように、ネットとの**境界（perimeter）**で全ての不正アクセスや攻撃を完璧に撃退することは無理です。

一旦クラウド内部への不正侵入を許せば、膨大な被害が発生します。

サイバー攻撃による侵入だけでなく、電源やネットワーク、空調設備等、データセンターの種々のシステム機器やその保守・運用を行う担当者も含めたセキュリティ対策を、的確かつ継続的に実施していなければ、様々な攻撃を受けることになります。

実際にクラウド環境やクラウドサービスを攻撃対象とした不正アクセスは増加傾向にありますし、クラウドのシステム（リソース）を悪用して**「暗号資産（仮想通貨）」の掘削（マイニング）**を行うような犯罪手口等も増加しています。

3.1.1 クラウドサービスに対する脅威

組織内等にサーバ等が設置されている従来型の「オンプレ」システムでは、そのシステムの脆弱性を狙ったマルウェア付きのメールが送りつけられたり、**DDoS（Distributed Denial of Service）攻撃等のDoS（Denial of Service）攻撃**を受けて業務がストップしてしまうなど、様々な脅威がありました。

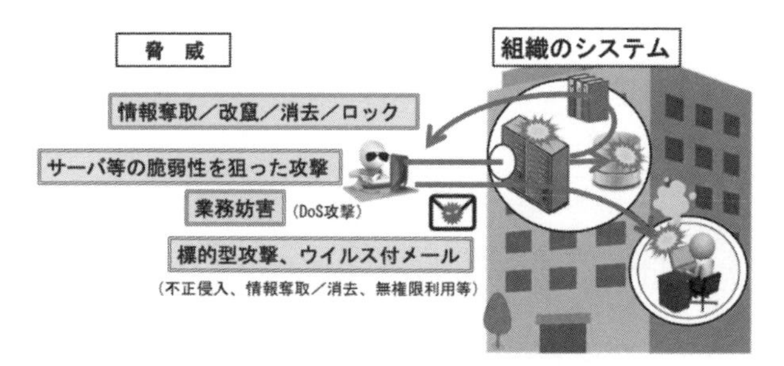

クラウドのシステムに対しても、これらの攻撃は同様に行われますし、一旦クラウドのプラットフォーム（基盤）部への侵入を許してしまえば、そのクラウドのサービスを利用している多くの事業者等のサービスにおいて同時に被害が発生し業務が停止するリスクがありますので、この事態を食い止めるため、パブリッククラウド等の事業者は、厳しい管理と防御対策が求められています。

だからといって、個々のクラウド利用者、クラウドを利用してサービス提供を行っている事業者においてはセキュリティ対策をとらなくてもよいのか、というとそうではありません。事業者の場合には、利用するシステムを的確に設定して各種のデータを保護することが求められますし、個人ユーザの場合もパソコンやスマートフォンの設定やウイルス対策の確実な実施が必要となります。

クラウドに対する"脅威"はオンプレのシステムに対する脅威と似通っていることが多いのですが、中にはクラウド特有の攻撃手法・リスクも存在しています。

例えば、2.1で説明しましたがトラフィックの増大と共に利用・占有するクラウド領域・サーバ容量等の拡充を自動的に行う**「オートスケーリング」**の機能等を利用している場合には、その容量等に応じた利用料金をクラウド事業者側に支払う必要があります。

サーバ等に対するDoS攻撃等が行われたならば、「オンプレ」の場合にはまず機能やサービスの「復旧」を目指すことになりますが、クラウドを利用している場合には、攻撃を受けた際等、突出したシステム等の負荷増大に対応した膨大な利用料金（課金）の支払いという重圧にも対応する必要があります。

このように経済的な損失をクラウド利用者に与えることを目的とする攻撃は**EDoS攻撃（Economic Denial of Sustainability attack）**と呼ばれることがあります。

3.1.2 クラウドへの攻撃

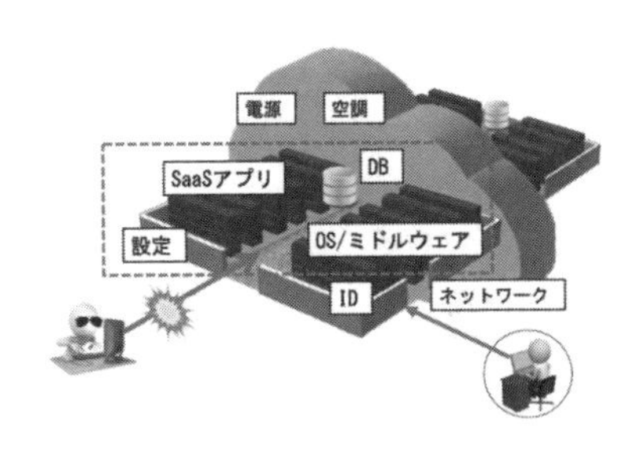

クラウドのシステムは仮想化されたプラットフォームの上に構築されていますが、アプリやデータベース、その設定のためのファイル等が、機能を果たせるように置かれています。

そのためのアプリケーション等のプログラムを一から開発していたのでは大変です。

クラウド上にシステムを構築することを前提として、OSからアプリ、設定ファイル等をまとめて「コンテナ」に格納し、利用しやすいようにハブ、レジストリ、リポジトリ等と呼ばれるサイト上にまとめて「イメージ」としてアップロードされたものを入手してクラウド上にシステムを構築する、ということも一般的に行われています。

この「コンテナ」を構成する様々なOSやアプリ等は、元々「オープンソース」として利用しやすい多くのものの中から、使用目的に合致した使いやすいシステムを選んで構築する、という手法が用いられています。

このように、種々のソフトウェアをパッケージ化し、コンテナ形式で利用しやすくユーザ間で相互利用が可能という**「パッケージング」**を行ったフレームワークには、Docker、Flatpak、Snap、AppImage等があります。

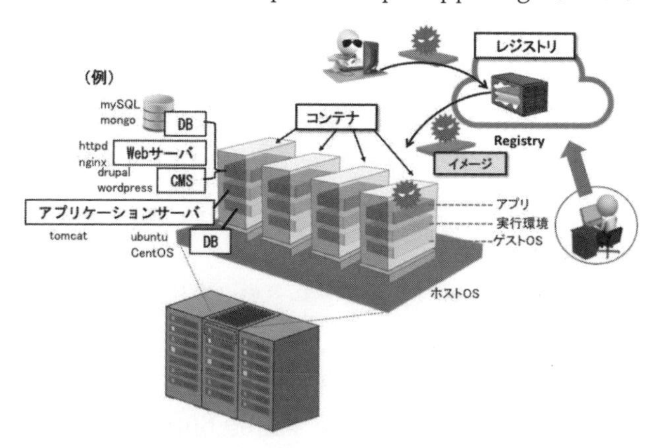

「コンテナ」としてアプリやOSを含むその実行環境をまとめた「パッケージ」を提供するサービスもあり、**CaaS（Container as a Service）**と呼ばれています。コンテナの実行環境まで提供することから、2.1のPaaSとIaaSの間に位置付けられるものになります（“CaaS”と書いて、**“Crime as a Service”**～サイバー犯罪のためのツールやオンラインサービス、インフラを犯罪者や犯罪者グループが有償で提供するサービス形態～を意味することもありますので、略語には注意！）。

「コンテナ」にまとめられたOSや種々のアプリの中には、脆弱性を有しているものがあるかもしれません。コンテナを使用する場合には、脆弱性が修正されているか、ということをチェックする必要があります。

中には、マルウェアに感染したアプリ等を、このようなレジストリ等の公開されたサイト上に意図的にアップしている可能性も否定できませんので、これらのイメージ等を利用してクラウドのシステムを構築する際には、慎重にチェックすることが必要です。

3.1.3 脆弱性スキャン

「クラウド」の脆弱性を診断するサービス等も増加してきました。反対に「クラウド」からサイトのシステムを“スキャン”するサービスも**「クラウドスキャン」**と呼ばれたりします。

クラウドの脆弱性も含め、インターネットからアクセスすることが可能な組織等のIT資産やシステムの脆弱性、設定の不備を調査して把握・リスク評価することは、**ASM（Attack Surface Management）**と呼ばれます。

不正アクセス等を行おうとする者自身が、直接このような手法によりサイトの脆弱性情報を収集する場合もありますが、**IAB（Initial Access Broker:イニシャルアクセスブローカー）**と呼ばれる、不正アクセス手段や情報を提供する者（サイト）から入手することもあります。

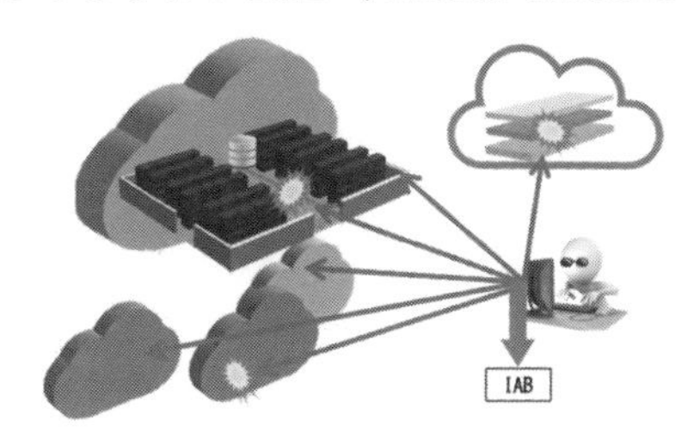

クラウドのセキュリティを確保するためには、OSやアプリが最新バージョンとなっているか、設定ファイル等についても的確な設定が行われているか、アカウントの設定についても権限が必要最小限のものとなっているか等を**“定期的に”**確認する必要があります。

「クラウド」のシステムの心臓部ともいえる「データセンター」における脆弱な箇所は、そのOSやアプリだけ注意していればいい、というものではありません。データセンターの空調や電源等に障害が発生すればサービスもダウンしますし、ネットワークの障害や保守運用担当者の操作ミス等によっても発生しますので、あらゆる側面で脆弱性がないように注意することが必要です。

3.1.4 クラウドの脆弱性を突いた攻撃

・SSRF（Server Side Request Forgery）攻撃

2019年7月に、米金融大手 Capital Oneのクラウドシステムに対して攻撃が行われ､不正アクセスにより1億人を超える個人情報が流出した事件は、同社が設置した**WAF（Web Application Firewall）**の設定ミスを突いた**SSRF（Server Side Request Forgery）攻撃**で、誰もがアクセスすることが可能なパブリッククラウドを経由してクラウド内部の非公開エリア（VPC）に対して不正なリクエストが送られ、内部サーバの機密情報（個人情報）が盗み出されたものです。

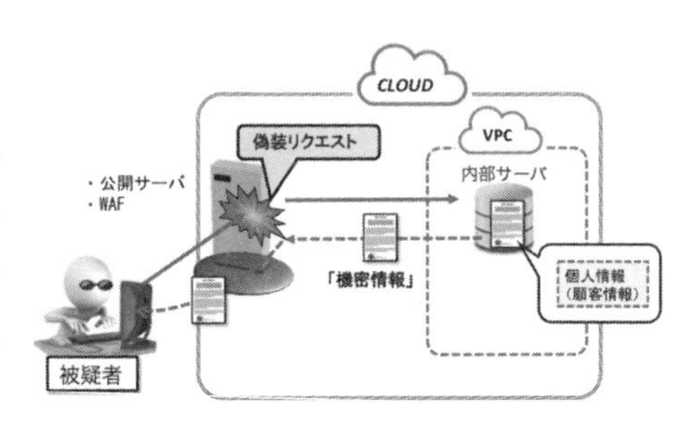

SSRF攻撃に対しては、適切なアプリ等の設定を行うと共に、入力データの的確なチェックを行い不正リクエストが非公開エリアに送付されることを阻止する必要があります。

・MITC（Man In The Cloud）攻撃

“＊＊FileSync＊＊”のような**「同期を取る」**ためのツールやサービスにより、スマホのデータとパソコンのデータ等がどこでも利用・共有できる便利な時代となってきました（**FileSync**と書いたのは、FreeFileSyncのようなフリーウェアのほか、Azure File Sync、Acronis File Sync and Share、NEC Cloud File Sync等、同様なツールが利用可能なため。）。

「同期」を自動的に行うように設定していた場合には、自宅のパソコンとスマホの中のデータの内容が同じになります。しかし、必然的に中継地点であるクラウド上にも同じデータが残されることになります。

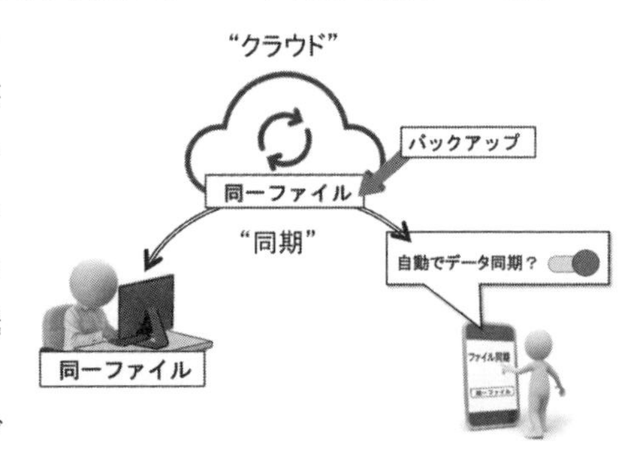

犯罪捜査の場合、端末内のデ

ータが消去されても**「クラウド上に証拠データが残されている」**場合がありますので、見逃さないようにする必要があります。

反対に、捜査担当者がこれらのツールを用いて、業務に関係するデータを個人所有のスマホ等に保存していると、クラウド上等から流出する危険性もありますので注意が必要です。

このような「同期」を行うためには、同期を行うためのツール、同期を行う場としての「クラウド」が必要ですが、これらのプログラムや設定に不備や欠陥があった場合には、外部からの攻撃・侵入を受けてしまいます。もし「クラウド」上のデータがマルウェアに感染した場合には、パソコンやスマホ等の端末、さらには他人ともデータ共有を行っていると、その人の端末にも感染が拡大することから、クラウドの中に人がいる、という意味で**MITC（Man In The Cloud）攻撃**と呼ばれます。

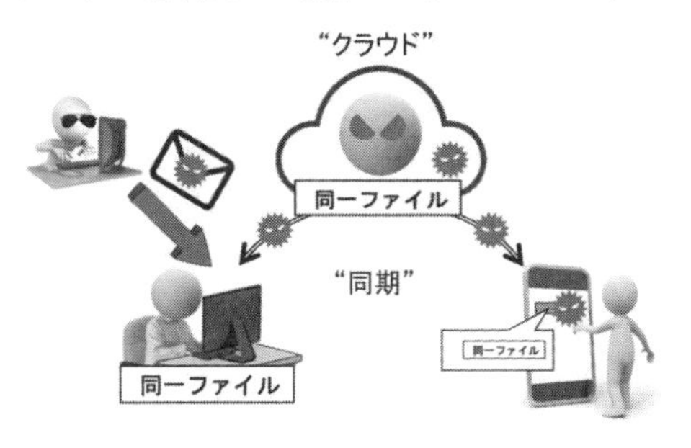

端末側がマルウェアに汚染された場合にも、クラウド上のデータが感染する危険性がありますので、設定だけでなくマルウェア対策にも留意する必要があります。

また、クラウドを利用すると「バックアップが可能」ということから、データをロックされるような「ランサムウェア」への対策としても用いられています。これはクラウド上に残されたデータを用いて**「ロールバック（正常稼働していた時点まで戻して復旧する）」**を行うことが可能だからです。

・ランサムクラウド（ransomcloud）攻撃

組織内のサーバ等がランサムウェア等に感染し、データが暗号化されてシステムが利用できなくなってしまった場合、**「クラウド上にバックアップデータがあるから安心」**と思っていても、クラウド上のデータも自動的に同期されていた場合、クラウド上のデータもランサムウェアに感染して暗号化されることになります。

クラウド上のデータが外部に流出したり、暗号化されて利用できなくなる、身代金を要求される等の脅威については**「ランサムクラウド」**と呼ばれることもあります。

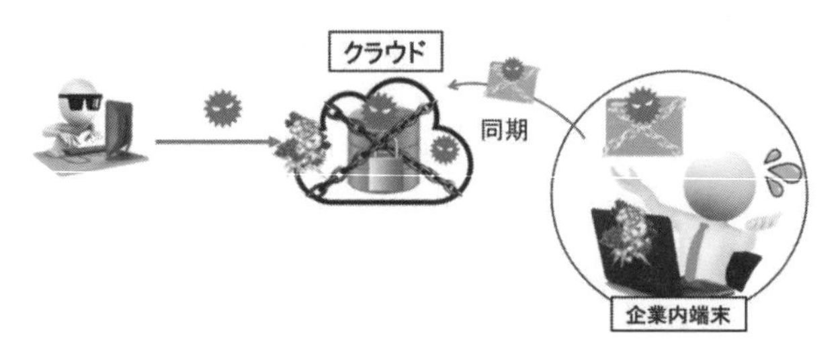

バックアップ対策としてクラウドを選ぶ場合も、セキュリティ対策がしっかりしたクラウド事業者のサービスを選定する必要があります。

2021年末には、Apache Log4j（Javaのログ出力ライブラリー）の脆弱性（Log4Shell）を悪用した攻撃も行われました。

・フェイクニュース等の発信

アマゾンAWSのストレージサービスS3（Simple Storage Service）は、Webサイトをホスティングする際にも利用されていますが、その設定ミスを突いた攻撃により保存されたデータが書き換えられると、閲覧者には本来のデータとは異なるものが届くことになります。

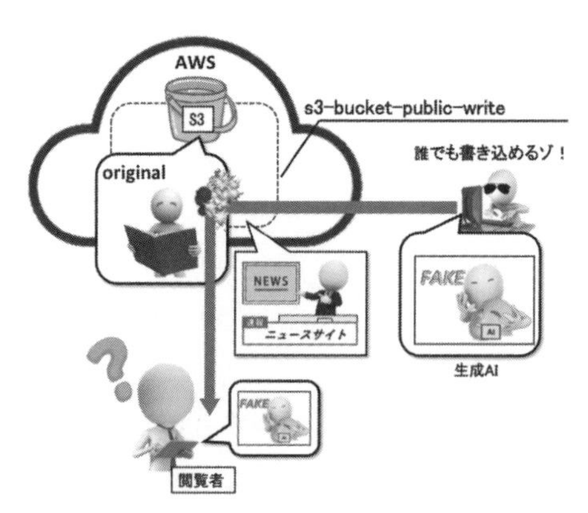

生成AIを用いてもっともらしいフェイクニュースを作成し、S3バケットの書き込み権限が緩い（誰でも書き込める状態となっている）場合には、本物のファイルを上書き（改ざん）して拡散する、ということも行われています。

同様の手法で、AWS S3上の書き込み権限の不備で、誰もが書き込み可能となる設定となっていた場合に、画像データを削除し猫の鳴き声のみを書き残す**Meow Attack（ニャー攻撃）**も発生しています。

・パスワードスプレー攻撃

認証サーバ等に対するブルートフォース攻撃によりユーザ・アカウントを奪取する、という手法は、従来から行われていますが、これと同様の総当たり形式の攻撃手法が「パスワードスプレー攻撃」です。

クラウドサービスの利用者のIDの一覧データが入手できれば、それを用いるかもしれませんが、クラウドシステムの「管理者」やシステム内で使用するID等は、インストールしたままのデフォルト状態では、同じような名称、パスワードが設定されていて、しかも通常は使わないものが含まれていることがあります。

このため、順次これらのIDに対して、同じパスワードを試していきます。このような攻撃手法は**「パスワードスプレー攻撃」**と呼ばれています。

2017年には、実際のクラウドサービス（office365）に対して、メールアカウント奪取のための攻撃が行われましたが、これは**KnockKnock攻撃**と呼ばれています。

頻繁かつ機械的にログインを試みた場合には、受け付けないようにサーバ側で設定していることも多いため、数回トライしたら別のターゲットに移行して攻撃する、という手法でアカウントを奪取するものです。

・クラウドを「指令サーバ」として悪用

企業等の職員の端末のブラウザ操作をロボット化して自動実行させる**RPA（Robotic Process Automation）**は**「クラウドボット」**と呼ばれ、導入する組織も増えていますが、この機能を悪用すれば、反対に端末を操作することも可能となります。

2018年にはクラウドサービス（Dropbox）の**API（Application Programming Interface）**を悪用し、クラウドをC&C（コマンド＆コントロール）サーバとして悪用するマルウェア（Dropapibot）も登場しています。

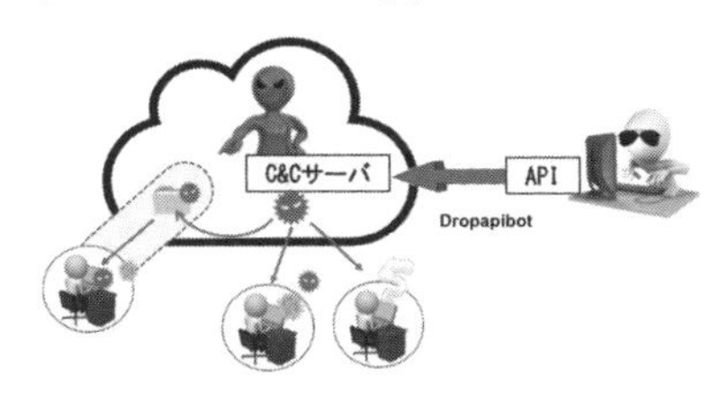

Dropboxはオンラインストレージ

のため、当然、利用者のファイルもクラウド上に保存されています。ボットは、ファイルをダウンロードさせたり、反対にユーザの端末内のファイルをアップロードさせたり、クラウド上のファイルを削除する等の指令をAPIを経由して行わせる、というものです。

3.1.5 電源や空調システム等の障害

クラウドが利用する「データセンター」では、外部からのネットワークを経由した攻撃だけでなく、物理的なテロやシステム等の障害によっても機能が阻害され停止状態に陥ることがありますので、注意が必要です。

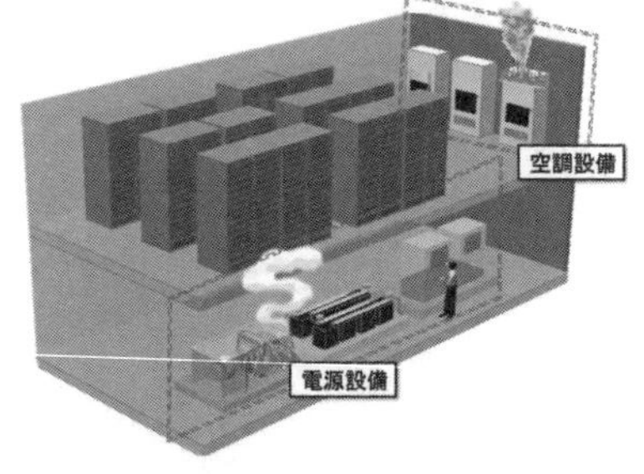

電源や空調、ネットワーク等のシステムは、障害が発生することを前提に、サーバ機器等と同じように、バックアップや２ルート化等を準備し、現用のシステムに異常を検知した際には、用意した予備系（待機系）のシステムに切り替えることにより業務継続を図ることが多いのですが、その管理システムの不調や予備系システムに不具合があったり切替操作がうまく作動しない等の事態が発生することによる障害もあります。

このようなシステム障害も、データセンターの場合には、外部からの攻撃と同様、影響範囲が非常に大きく、被害が様々な業務・顧客に波及することになりますので、事前の障害対策が重要となります。

・クラウド（データセンター）の障害（ネットワーク、電源、空調等）事例

○2015年９月　米アマゾンAWS　ネットワーク障害により様々なサービスが障害

○2019年８月　米アマゾンAWS　空調異常によりサーバがダウン

○2021年12月　米アマゾンAWS　データセンターの電力消失により各種サービス障害発生

○2022年３月　キンドリルジャパンのデータセンターの発電機点検時に電源切替装置が停止し様々なサービス障害が発生

○2022年７月　イギリスのGoogle Cloud、Oracle Cloud　空調障害で

サーバがダウン

○2023年２月　東南アジアのMicrosoft Azure　空調障害によりサービスダウン

○2023年３月　さくらインターネット　データセンターの電源トラブルにより「さくらのクラウド」等に影響

○2023年11月　米Cloudflare　電源障害によりサービスダウン

3.2 クラウドのセキュリティ確保と「監視」

クラウドのセキュリティを確保する、といっても単一のクラウドのサービス（SaaS）を利用している場合から、マルチクラウドを用いて大規模なサービスを展開する場合まで、様々な運用状況が考えられます。

捜査や「フォレンジック」を行う場合には、まず被害等が発生した舞台となる「クラウド」の規模や利用形態等を的確に把握することからはじめる必要があります。

3.2.1 クラウドのセキュリティと「ゼロトラスト」

新型コロナウイルスの感染拡大以降、職場に従業員が詰める、という形態での業務遂行だけでなく、自宅や出先から職場のデータにリモートアクセスを行ったり、データセンターでのカスタマーサポートを自宅で実施したりするなど、多様な業務形態が取り入れられました。

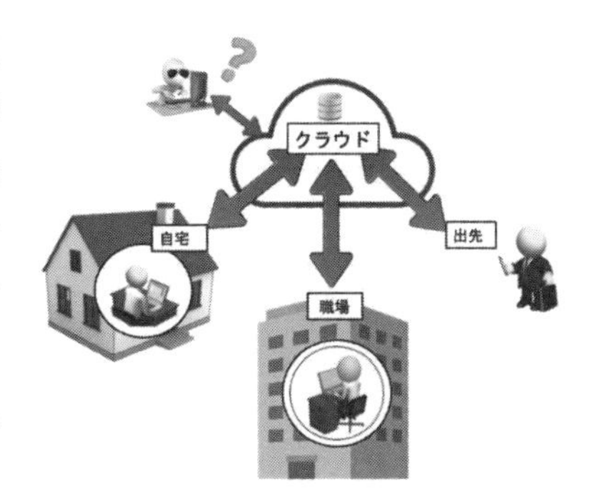

これらを実現するために「クラウド」が、その中継地点やデータの保管場所としての機能を果たしています。

「クラウド」を利用する人全てが正しいアクセス権限を持ち、正しい利用を行っていれば、犯罪や不正行為の発生を回避することが可能なのかもしれません。

しかし、クラウドサービスを利用する企業等は、自組織でセキュリティ面のコントロールを完全に掌握できるわけではありません。

今アクセスしている人が信頼できるユーザなのか、実は悪意を持つ攻撃者なのではないか？という疑いの視点でセキュリティを考えるモデルが「ゼロトラスト」といわれるものです。

「ゼロトラスト」の考え方は“懐疑的”な物の見方です。安易な「信頼」を排除し、組織内のユーザも含めて「信頼しない」ことを前提としていて、常に検証・制御・監視することによりIT資産の防御や業務の継続を確保する、という考え方でもあります。

捜査機関の職員なら**「六何の原則」**が身に沁みついているかもしれませんが、全てを疑ってかかるのは大変です。

3.2.2 「ゼロトラスト」の原則

「六何の原則」ではありませんが「ゼロトラスト」にも「原則」があります。

NIST SPSP800-207 Zero Trust Architecture（ゼロトラストのガイドライン）では、「ゼロトラスト」を次のように規定しています。

「ゼロトラスト（ZT）」：「ネットワークは侵入される」ことを前提とし、情報システムやサービスに対する要求の不確実性を排除し、正しいアクセスを決定するための考え方を提供するもの。

「ゼロトラストアーキテクチャー（ZTA）」：「ゼロトラスト」の考え方に基づいた、組織におけるセキュリティポリシーの基本

その基本原則は次の７項目が挙げられます。

原則①　全てのデータソースとコンピューティングサービスがリソース

原則②　ネットワークの場所に関係なく、全ての通信を保護

原則③　組織リソースへのアクセスは、セッション単位で付与

原則④　リソースへのアクセスは、動的ポリシー（ID、アプリ／サービス、要求する資産の状態、その他の行動／環境属性等）により決定

原則⑤　組織の全資産の整合性とセキュリティ動作を監視し計測

原則⑥　全てのリソースの認証と認可を動的に行い、アクセスが許可さ

れる前に厳格に実施(ICAM:ID Credential and Access Management, MFA:Multi-Factor Authentication 等の利用)

原則⑦　組織は、資産・ネットワークインフラ・通信状態について、可能な限り多くの情報を収集し、セキュリティ・ポスチャーの改善に利用

3.2.3 「ゼロトラスト」の構成要素

「ゼロトラスト」の考え方に基づいてシステムをモデル化して、セキュリティ向上を実現するための取組やサービスも増加しています。

「ゼロトラスト」を実現するための構成要素としては、次の図に示すような、末端側の装置(デバイス)や人(エンドポイント)、ネットワーク、クラウド、ID(ユーザ等)、ワークロード(IT資産や処理能力)、これらの監視とその処理結果の可視化・分析とその自動化のそれぞれについて、要素技術の要件等が整理されています。

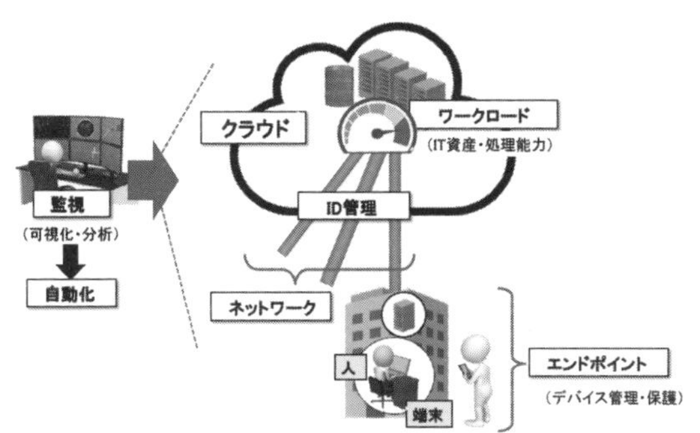

説明の中には、技術的で理解しにくい略語・用語、概念等も多く用いられています。

捜査やフォレンジック作業、クラウド事業者の担当者によっては、これらの専門用語を多用しつつ説明を行うこともありますので注意が必要です。

3.2.4 「エンドポイント」のセキュリティ

まず、その「エンドポイント」から説明しますが、昔はパソコン端末やタブレット、携帯等を購入すると、**「ウイルス対策」**をしっかりとするようにいわれていました。

今もウイルス感染への備えは重要ですが、呼び名が変わってきています。

個人のウイルス対策が**AV（AntiVirus）**と呼ばれるのと並行して、企業活動等では端末やUSB機器・媒体もリモート監視や制御を行う必要があることから**EPP（Endpoint Protection Platform）～エンドポイント保護プラットフォーム**といわれ、主眼は**マルウェア感染の「防止」**です。

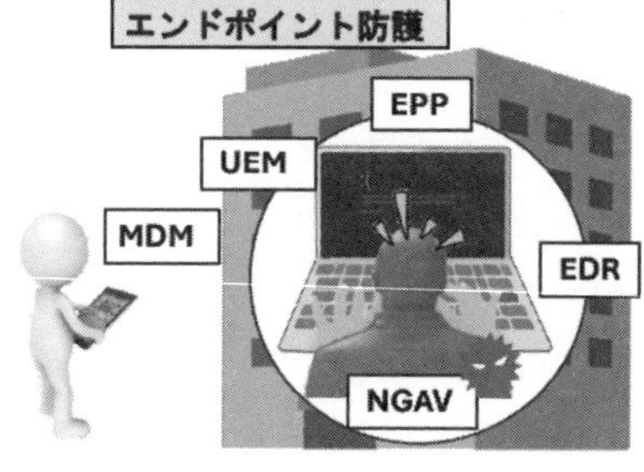

「エンドポイントのセキュリティ」は**EPS（EndPoint Security）**と略すこともあります。

・**NGAV／NGEPP（Next Generation AV／EPP）**

「次世代の」という前置詞をAVやEPPを付けて、従来のパターンマッチングに依存したマルウェア検知だけでなく、AI／機械学習、振る舞い検知、サンドボックス等を利用して、脅威の検出率の向上を図り、侵入防御の効率化を図っているものです。

・**EDR（Endpoint Detection and Response）**

EDRは、パソコンやスマホ等のデバイスの監視・ログの取得を行い、怪しい挙動は管理者に通知するもので、単に不正アクセスやマルウェア等を**「検知」**するだけでなく、被害拡大を抑制するために、そのファイルを隔離したり削除を行うなどの**「対処」**も含めて行うサービスで、SentinelOne、Cybereason EDR、CrowdStrike Falcon Insight等の製品があります。

侵入検知と対処

EDR製品を評価する指標としては、米国の非営利組織MITRE（マイター）の

MITRE ATT&CK（Adversarial Tactics, Techniques, and Common Knowledge）（マイター・アタック）フレームワーク等が用いられます。

この攻撃フレームワークでは、WindowsやLinux等のOSに対しては「**エンタープライズマトリクス**」、AndroidやiOS等のスマホ（モバイルデバイス）に対しては「**モバイルマトリクス**」、産業制御システムに対しては「**ICSマトリクス**」が用いられます。

他の攻撃評価手法としては「**NIST サイバーセキュリティフレームワーク（Cyber Security Framework）**」等があり、いずれも組織のセキュリティ対策の実効性を検証するために利用されます。

不正アクセスやマルウェア感染を検出した際に、その通知を受け取り対処を指示するSOCのサービスを提供する企業は**MDR（Managed Detection and Response）**プロバイダ等と呼ばれますし、端末のみならずサーバやネットワーク、クラウドも含めた範囲を監視し対処するサービスは**XDR（Extended Detection and Response）**と呼ばれます。

3.2.8のSOARと連携し、サイバー攻撃検知能力を高めることが可能なものもあります。

ネットワークのみを監視・対処の対象とする場合は**NDR（Network Detection and Response）**と呼ばれています。

・**EMM（Enterprise Mobility Management）**

EMMは、企業が従業員等に貸与して使用させるスマホやタブレット端末の管理を行う仕組みを指しています。

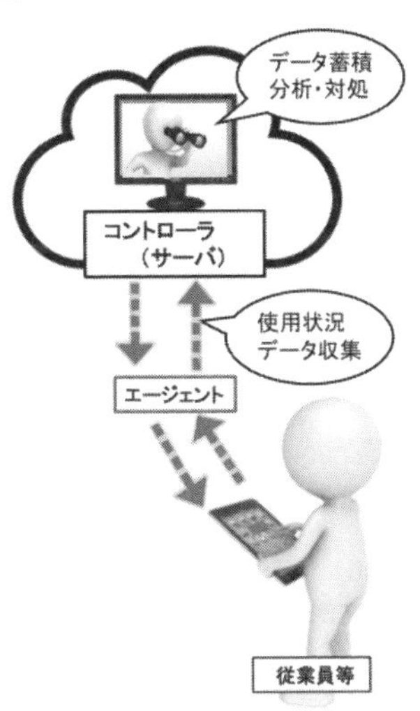

デバイス端末自体の管理に主眼を置く場合には、**MDM（Mobile Device Management）**、端末に従業員等が勝手にアプリをインストールしないようにするなどアプリ管理に主眼を置く場合は**MAM（Mobile Application Management）**、私物スマホを業務で利用する際に、そのスマホの業務に関係するコンテンツを管理する場合等は、**MCM（Mobile Contents Management）**と呼ばれます。

いずれの場合も、端末に**「エージェント型」**のアプリをインストールして、端末の使用状況や通信内容を管理するためにクラウドに置いたコントローラ（サーバ）にデータを送出する等により、端末のハードウェアや保存されたデータを蓄積管理・保護することになります（**「エージェントレス型」**の場合は、Windows OSのAD（Active Directory）の機能を用いてコントローラと通信を行う仕組みとなっています。）。

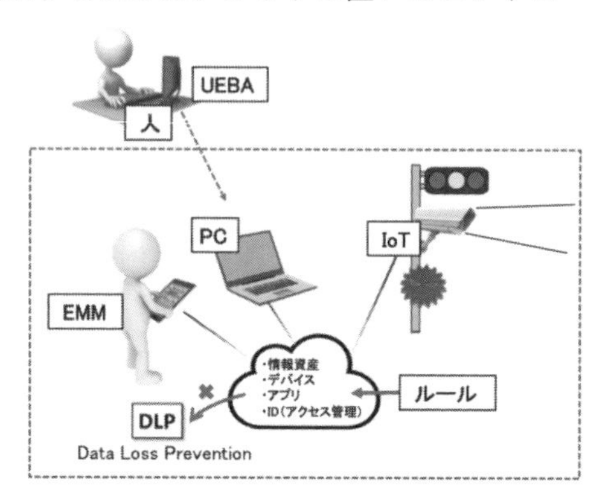

・UEM（Unified Endpoint Management）

UEMは**「統合エンドポイント管理」**の意味ですが、組織の中のスマホやPC、IoT機器等の統合的なマルウェア対策や防護、アプリ制御、Webフィルタリング機能等を担うサービスで、定められたルールに従いリモートから端末機器をロックすることによりデータ流出等を防止（**DLP:Data Loss Prevention**）するトータルなエンドポイントのセキュリティ管理手法です。

エンドポイントでは、担当者による端末等の操作やシステム運用が正常に行われているのか、ということも問題となりますが、ユーザの異常行動や振る舞い等を検知して分析することは、**UBA（User Behavior Analytics）**又は**UEBA（User and Entity Behavior Analytics）**と呼ばれます。

3.2.5 IDの管理

クラウドを利用する際には、「情報資産」に対するアクセス権限を厳格にチェックする必要があります。

企業活動等でクラウド利用が増加すると、個々のサービスごとに別のID、パスワードを設定し、それぞれ個別に認証を行うことは、利用者自身がストレスを感じるだけでなく、管理面でも大変面倒にならざるを

得ませんが、手を抜けば正当なアクセス権を有さない者が「不正アクセス」を行うことにつながりますので、日常的な管理が必要となります。

・IAM／IGA／PAM

クラウドサービスの利用等に際しては、IDの的確な管理のみならず、認証から認可に至る一連のプロセスも含めた統合管理を行うための仕組みづくりが重要となります。

これを**IAM（Identity and Access Management）**と呼び、個人情報保護・情報漏洩の防止のために重要な役割を担うことになります。

特に、企業内の端末利用のみならず、出先でクラウドを利用したりモバイル機器を利用することも多くなっていますので、情報保護のまさに「鍵」となる重要なものです。

サイト利用者等の消費者（Consumer）のIDに特化したIAMは、

CIAM（Consumer IAM）

組織内での従業員IDを管理する場合のIAMは、

EIAM（Enterprise IAM）

とも呼ばれます。

アマゾンのAWSの場合は、“IDとAWSのサービス及びリソースへのアクセスを安全に管理する”サービスとして**IAM**が用意されていますし、Google Cloudの場合は**Cloud Identity**、Microsoft Azureの場合はクラウドベースのID・アクセス管理のサービスとして**Microsoft Entra ID**（旧Azure AD）が提供され、**IDプロバイダ（IdP：Identity Provider）**の役割を担っています。

このようなパブリッククラウドのサービスとしてのIdPをそのまま利用するのではなく、RedHat の**Single Sign-On**（オープンソースのIAMであるKeycloakの商用版）等の**外部IdP**の利用も可能です。

企業等の組織内のトータルなアカウント管理については、IAMの中でも**IGA（Identity Governance and Administration）**と呼ばれ、職員のIT資産に対するアクセス権限等の可視化と的確な管理を行うことが求められます。

UNIX（OS）のroot等、Administratorアカウント（スーパーユーザ）の管理が適切に行われていないと、システム全体が乗っ取られてしまうリスクがありますので、これらの特権アクセス権限の管理を的確に行うためのソリューションとして**PAM（Privileged Access Management）**のサービスが提供されています。

・シングルサインオン、SAML認証、IdP

前ページで**Single Sign-On（SSO）**という単語が出てきましたが、様々なWebサービスを利用したり複数のクラウド環境を利用しようとする都度、認証手続を行う作業は鬱陶しいものです。

一度の認証手続で複数サービスを利用できることは、ユーザの立場からいえば利便性の向上、時間の節約にもなります。

また、複数のクラウドを利用する業務であれば、その複数のクラウドで必要となる認証手続等に特化したサービス、プロバイダを利用することにより、コストの低減にもつながります。

もちろん、IDの流出事故による**“なりすまし”**による不正アクセスを防止するため、平素とは異なる位置やデバイス、あるいはいつもと異なる時間帯に、クラウドの情報資産等に行われる不審なアクセスを検出する「**リスクベース認証**」の機能や、クライアント認証、ワンタイムパスワード認証、IPアドレス認証、生体認証・顔画像認証等を組み合わせた**多要素認証（MFA: Multi-Factor Authentication）**を活用してセキュリティを確保する様々なサービスも提供されるようになっています。

シングルサインオンの機能を果たすための認証手法には、様々なものがあります。

例えば、

・Kerberos（ケルベロス）認証

・SAML認証

・OAuth認証、OpenID Connect認証

・エージェント認証

- **代理認証（フォームベース認証）**
- **IAP（Identity Aware Proxy：ID認識型プロキシ）**
  （このIAPには、**「透過型プロキシ」**と**「リバースプロキシ型」**があります。）

このように様々な認証方式を用いて種々のWebサービス／アプリケーション等に用いられているアカウントを一元的に管理するクラウドサービスは**IDaaS（Identity as a Service）**と呼ばれます。

各種のWebサービスやクラウドで利用するIDを連携（**フェデレーション**）させ、シングルサインオンを行うためにXML関連の標準化団体**OASIS（Organization for the Advancement of Structured Information Standards）**は、OASIS標準（OASIS Standard）としてシングルサインオン仕様**「Security Assertion Markup Language（SAML）v2.0」**を2005年に制定しています。これはXMLベースのWebサービス向けフレームワークで、複数のドメイン間で認証・属性情報を安全に交換するための仕様となっていて、IDaaSの多くはSAML認証を用いるIdPでもあり、シングルサインオンを支える仕組みとなっています。

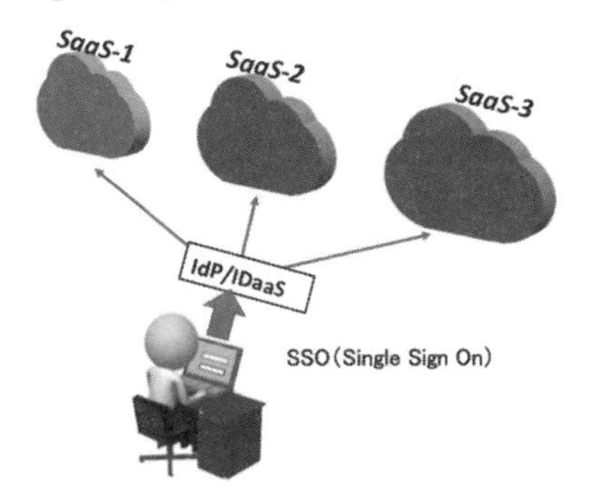

SAML認証は、IdPとこのIdPを利用する**SP（Service Provider）**と呼ばれるクラウドサービスを“連携”させるためのプロトコルとして機能、IDや属性等の情報を記述したSAMLアサーションをユーザに与えることにより認証が完了します。

その際、先にIdPの認証を受けてからクラウドサービスの利用を行う**「IdP Initiated」**と呼ばれる手法と、先にクラウドサービスにアクセスし、そのクラウドサービスがIdPに問合せを行い（リダイレクト）認証許可を得た上でサービスを利用させる**「SP Initiated」**と呼ばれる方式に区分されます。「保通協」というクラウドサービス（SP）を利用する際の（架空の存在ですが……）“フェデレーション”の際のやりとりの例を次ページに図示します。

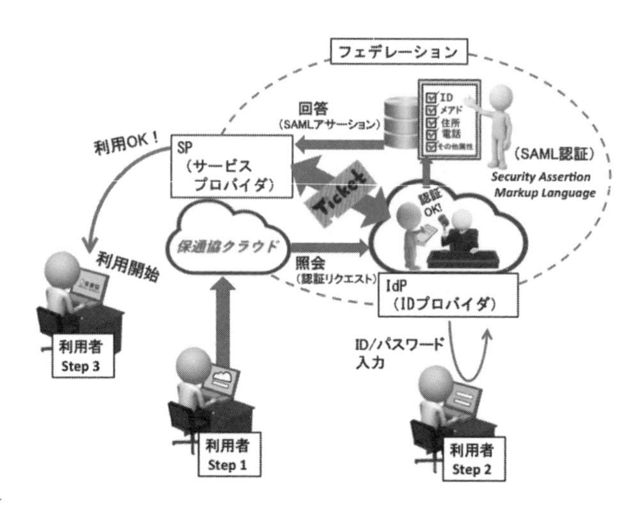

・**IRM**

ID管理で重要なことは、そのIDを使用するユーザがアクセス可能なIT資産の範囲をあらかじめ規定した上で、それが実際に守られているのか、ということをログ等により管理する必要があることです。

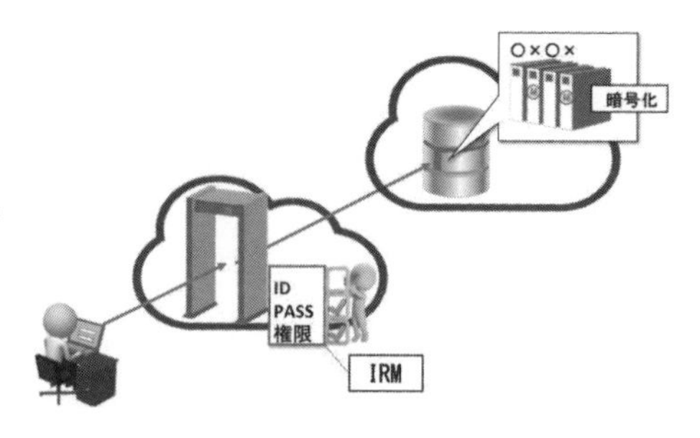

ファイル（IT資産）を暗号化した上でユーザごとにアクセス権限を付与する技術は**IRM（Information Rights Management）**と呼ばれていますが、適切なID管理を行うためには、IRMを利用して情報漏洩リスクの低減を図る必要があります。

身近な例としては、Microsoft Officeを利用している場合には、Word文書ファイル、XPSファイルに対し、ユーザ、ファイル、グループ単位による制限を、IRMを利用して課すことが可能です。

・**DLP**

このようなファイル・データが流出することを防止する技術は**DLP（Data**

Loss Prevention）と呼ばれ、ファイルをスキャンすることにより、ファイルの送出等、組織外への持ち出しを行おうとするような操作を停止したり、管理者等への通知を行う機能も有しています。

3.2.6 ネットワーク管理

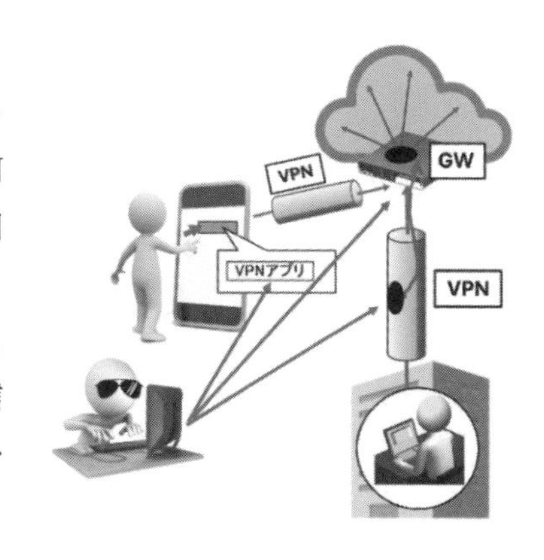

かつては拠点間接続を安全に行うため、高価な専用線方式の**IP-VPN**（**Virtual Private Network**）が利用されていました。

次いでテレワーク等の普及により、スマホ等で出先や家庭から安全に通信を行うため、アプリを用いた**インターネットVPN**も利用されるようになりました。

このため当時は**「VPNを用いれば安全！」**という安心感がありましたが、次第にVPNアプリやVPNゲートウェイ、その基本OS等をターゲットとした攻撃が増加していきました。

VPN利用時には、FW（ファイアウォール）にVPNが利用する穴（ポート）を開け、そこでチェックを行い不正なアクセスを不許可とする仕組みなので、既知のアクセスパターンに合致しない攻撃やアプリ等の脆弱性を突いた攻撃が成功すれば、クラウド内に侵入されてしまうことになります。

端末や機器のアプリや基本OSのアップデートを定期的に行うだけでは侵入を阻止できないことから、FWと併せて**IPS**（**Intrusion Prevention System：侵入防御システム**）等も用いられるようになりました。

クラウド利用が進み、クラウド技術を用いた**ZTNA**（**Zero Trust Network Access**）や**SD-WAN**（**Software Defined-WAN**）の技術も利用が進んでいます。

物理的なネットワークをソフトウェアで制御（**SDN：Software Defined Networking**）する技術を仮想的なWANに適用して管理を行うものがSD-WANで、外部のコントローラからAPIを用いてデータセンターやクラウドも含めて一元的に管理・制御を行います。

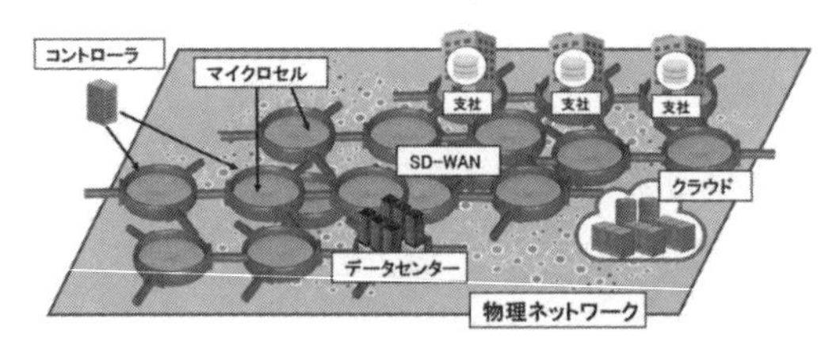

マイクロセグメンテーションは**ZTA（Zero Trust Architecture）**を実践する上で重要な技術ですが、仮想的なネットワークを、きめ細かく細分化（セグメンテーション：segmentation）~**マイクロセグメンテーション**~し、入口のみならず、内部にも複数の区画（防御層）を構築すること（多層防御）により、サイバー攻撃やウイルス感染の拡大阻止等を図っています。

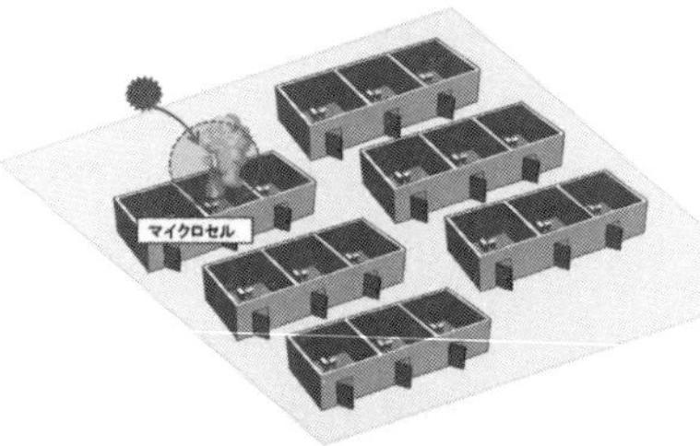

セキュア、低遅延で安定したクラウドサービスを求める顧客に対しては、顧客のオンプレ環境から、あるいはデータセンターを利用している場合には顧客サーバを収容するラック（データセンター）から、専用線でクラウドの接続ポイントとを接続するサービスも提供されています（AWSならDirect Connect、Microsoft社の場合はAzure ExpressRoute、Google社ではGCI（Google Cloud Interconnect））。

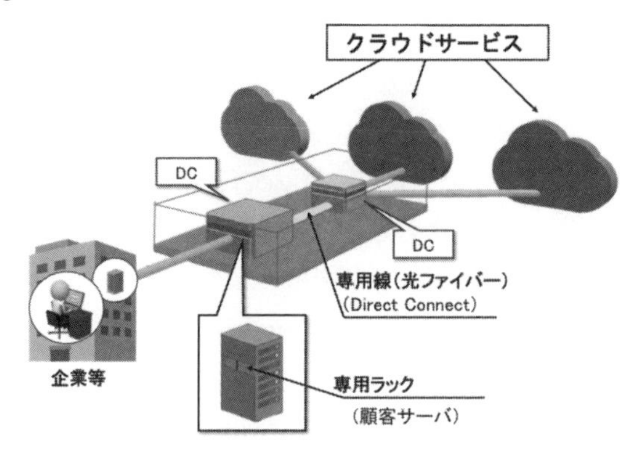

3.2.7 ASMとクラウド監視

クラウド利用の進展に合わせ、サイバー攻撃の対象となるシステムや機器も増加しています。

その中には、外部に公開されているWebサーバやDNSレコード、ネットワーク機器、クラウド、IoT機器やエンドポイントで利用するサーバ（ハード、ソフト、設定等）やモバイル端末等も含まれます。

「外部への公開」ということで**EASM（External Attack Surface Management）**と表記されることもあります。このような攻撃対象の可視化と適切な管理・防御の仕組みを**ASM（Attack Surface Management：攻撃対象領域管理）**又は**ASRM（Attack Surface Risk Management：攻撃対象領域リスク管理）**と呼んでいます。

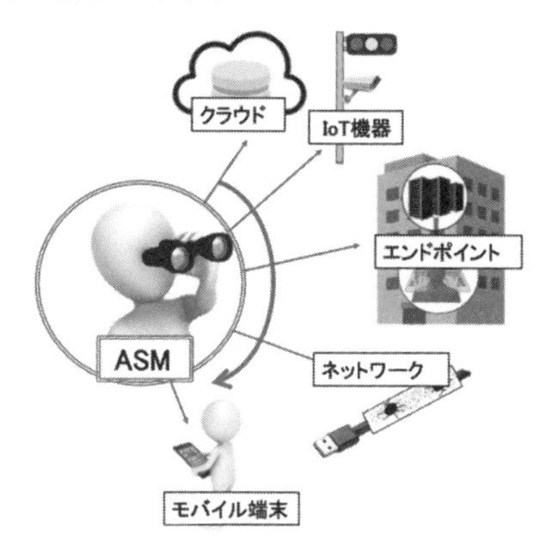

AS（R）Mサービスは、IT資産を監視（調査）し、脆弱性の有無を調査・報告し、パッチの適用やアクセス制限・不要サービスの停止等の対策の提言やサイバー攻撃リスクの低減を行うものですが、ベンダーによっては、組織の持つサイバー空間上の全ての資産を管理する、という意味で**CAASM（Cyber Asset Attack Surface Management：サイバー資産攻撃対象領域管理）**等と呼ぶこともあります（米Gartner、Axonius（アクソニウス）社等）。

・クラウド監視、権限管理

クラウド、特にハードウェア／ソフトを自前で構築するIaaS（Infrastructure as a Service）／PaaS（Platform as a Service）では、設定不備を突いたサイバー攻撃により情報が流出する事故も多いため、的確に設定が行われているのかをチェックする必要があります。

これは**CSPM（Cloud Security Posture Management：クラウドセキュリティ態勢管理）**と呼ばれ、システムの構成情報やログ等の情報を一元的に監視・収集し、様々な基準に沿った設定情報を蓄積したDBと比較し

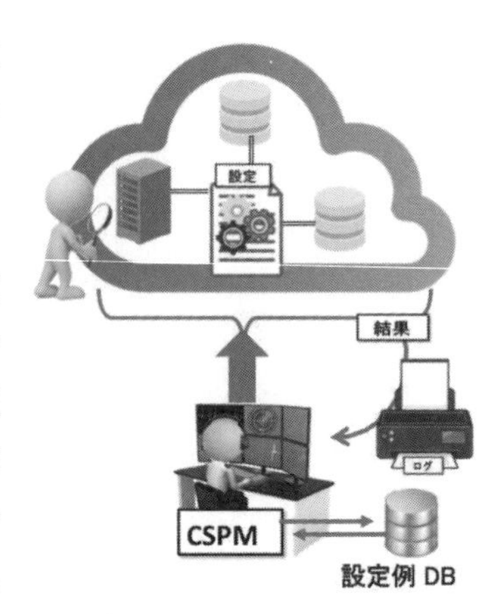

て、設定ミスは無いか？　公開範囲は適正か？　権限の過剰な付与は無いか？等を判断する仕組みとなっています。

このデータベースの構築に際しては、**NIST CSF**（National Institute of Standards and Technology Cyber Security Framework）や**GDPR**（General Data Protection Regulation）、**PCI-DSS**（Payment Card Industry Data Security Standard）等の国際基準が用いられます。同様な仕組みでSaaSを評価するものは**SSPM（SaaS Security Posture Management）**と呼ばれます。

例えばAWSの場合は「**AWS Security Hub**」、Microsoft Azureでは「**Defender for Cloud**」のサービスがこれに相当し、Google Cloudでは**Security Command Center**の「**Security Health Analytics**」に含まれています。

コンテナに関しては、企業等がKubernetesのセキュリティ確保に向け、設定ミスやコンプライアンス違反等を自動的にチェックする仕組みとして**KSPM（Kubernetes Security Posture Management）**が用いられます。

CSPMは持続的に監視を行うことにより設定異常を検知し対応する仕組みですが、参照対比するデータベースが適切に更新されていないと無意味なので、信頼度の高いベンダーのサービスを選定する必要があります。

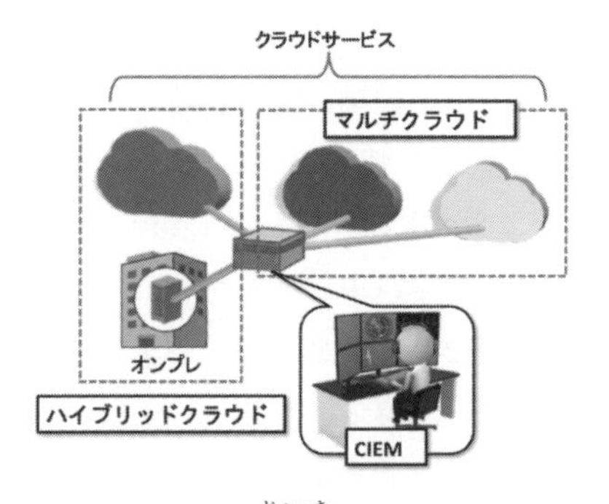

複数のクラウドを利用する場合（マルチクラウド）や、パブリッククラウドとオンプレのシステムを併用する場合（ハイブリッドクラウド）には、特に権限設定等が難しくなります。

「ゼロトラスト」の考え方である**“最小権限（付与）の原則”**が適切に守られていないと、**「過剰権限」**や**「シャドーAdmin」**等、特権アカウントが悪用され広範な被害を惹起（じゃっき）するリスクが発生します。

このような状況を避けるため、権限管理を適切に行うサービスも提供されており、**CIEM（Cloud Infrastructure Entitlement Management）**と呼ばれています。

Microsoft社では「**Microsoft Entra Permissions Management**」としてサービスが提供されています（AzureだけでなくAWSやGoogle Cloud等にも対応）。

また、クラウド上のデータのセキュリティ管理については**DSPM（Data Security Posture Management：データセキュリティ態勢管理）**と呼ばれています。

個人情報やクレジットカード情報、機密情報の状態を常時把握することにより、情報漏洩や窃取を防止するとともに、当該データが適切なセキュリティ対策や保護措置を受けているかをチェックするもので、**データリスク評価／管理（DRA/M:Data Risk Assessment ／ Management）**や**データセキュリティガバナンス（DSG:Data Security Governance）**を実施する際などに用いられます。

・CASB（キャスビー）

前ページで「シャドー Admin」について触れましたが、「**シャドー IT**」と呼ばれる端末のリスクもあります。

これは、組織が許可していないのに、データベースやクラウドサービスを勝手に使用している端末等を指します。

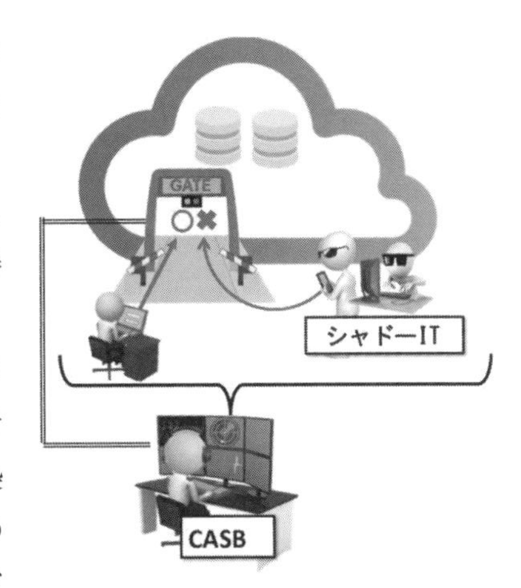

従業員等が届出をせずに私物パソコンやスマホ等で業務を行う状況を許せば、情報漏洩やマルウェア混入・感染のリスクが非常に大きくなりますので、許可済み端末（「**サンクションド（Sanctioned） IT**」）以外の利用は容認すべきではありません。

CASB（Cloud Access Security Broker ～“キャスビー”と読まれています。）は、このシャドーITを見付け出すことが得意なサービス（ソリューション）として登場したもので、クラウドのアクセスポイントをチェックゲートとして設定し、利用状況を可視化し、シャドーITからのアクセスを遮断する等の制御を行うものです。セキュリティポリシーへの準拠状況を監視し、マルウェア等の脅威を検出した際の通知や隔離措置等による防御も実施致します。

CASBには、API型、プロキシ型、ログ分析型の製品（サービス）があります。

・SWG

CASBがクラウド利用時のチェックに限定されているのに対して、**SWG（Secure Web Gateway）**は、従業員等がクラウドを含めた外部サイトへのアクセスを安全に行うため、また情報流出等を防止するために、接続先URLやプロトコル等をチェックするものです。

また、端末のブラウザを利用し、クラウドのリモートコンテナ（サンドボックス）において、インターネットアクセスやファイルダウンロード等の行為を行わせるようにして（ウェブ分離）、マルウェア感染等を防止する仕組みは**RBI（Remote Browser Isolation）**と呼ばれています。

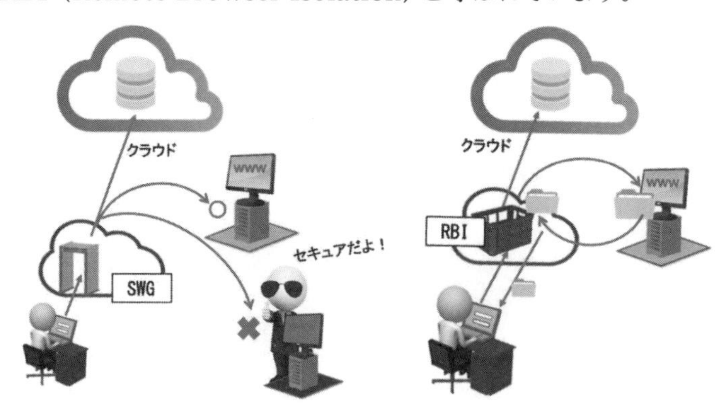

・SASE（サシー）

従来も、VPN機能搭載ルータ等の製品の中には、**UTM（Unified Threat Management：統合脅威管理）**機能を搭載して、ネットワーク経由で侵入しようとする不正アクセスを阻止する製品もありました。

さらにSD-WAN等の適切なネットワーク管理が求められるようになり、**次世代型のファイアウォール（NGFW：Next Generation Fire Wall）**が登場しました。

それまでの**WAF（Web Application Firewall）**では、アプリケーション層でHTTP/Sリクエストの内容を分析しWebアプリを保護していましたが、NGFWでは通信内容には踏み込まず、パケットフィルタリングやIPS等を行うなどによりWebアプリを防護する等の機能を有していました。

大手SNSの**API（Application Programming Interface）**における脆弱性が悪用されて利用者情報が流出するような事故の増加と共にAPI防護の必要性が高くなり、WAFは**WAAP（Web Application and API Protection）**へと進化（2017年にGartner社が提唱したWebアプリ防護ソリューション）していきました。

しかし、クラウド利用が進むにつれ「ゼロトラスト」に対応した防護フレームワークとしてはSASEの利用が進んできています。

SASE（Secure Access Service Edge）は、これも2019年にGartner社が提唱したセキュリティモデルで、クラウド上においてセキュリティ対策機能とネットワーク管理機能をパッケージにして構築し、サービスを提供するものです。

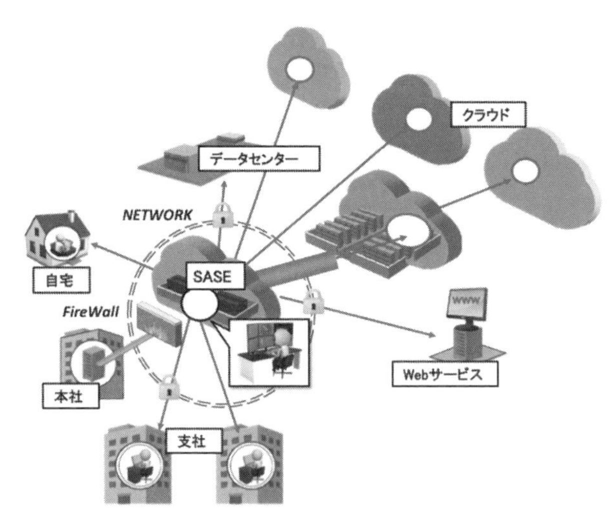

CiscoやFortinet等では、従来のFireWall機器・サービスの機能を拡充した**FWaaS（Firewall as a Service：クラウド型次世代ファイアウォール）**タイプのサービスとして提供しています。

CASBやSWG、DLP、RBI等の機能も含まれている場合も多く、その提供ベンダーもSASEのサービスを提供しています。代表的なサービス・製品としてはNetskope One、Catoクラウド、Smart One Access等があります。

SASEの機能のセキュリティ部分のみをサービスとして提供する場合には、**SSE（Security Service Edge）**と呼ばれたりもします。

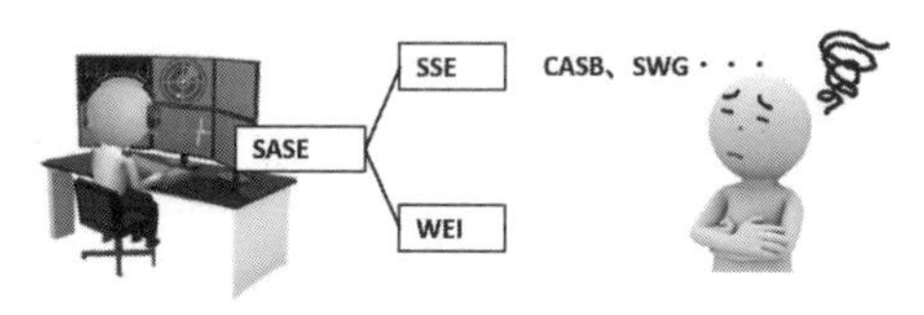

マイクロソフト社も**SSEソリューション**として「**Microsoft Entra**」を提供しています。

Gartner社では、SSEの機能の中にCASBやSWG、ZTNAの機能も含まれるとして説明しています。

SASEのネットワーク管理機能に関しては、**WEI（Wan Edge Infrastructure：WAN最適化）**と呼ばれ、TCP Acceleration（遅延時間の短縮）、パスコンディショニング（パケットの誤り訂正の高度化による修復・補正）、リンク（ポート）アグリゲーション（ボンディング／バンドリング／チーミング）機能（複数回線を1本の論理リンクに束ねる技術～１本のLANケーブルで複数回線を構成することが可能）等、回線品質の高度化技術が用いられています。

・CNAPP（シーナップ）

CSPMはクラウドの設定状況をチェックする仕組みを指しますが、**CWPP（Cloud Workload Protection Platform）**は、VM（バーチャルマシン）等、クラウドの仮想環境やアプリ、コンテナ等の**“ワークロード”**の状況（“コンテキスト”、あるいは“クラウドのインスタンスの内容”等というような言い方をする人も居るかもしれませんが……。）を把握し防御する仕組みで、セキュリティ対策の実施状況を可視化し、その不備をチェックして不備があった場合には、自動的に修復するものです。Microsoftなら「**Defender for Cloud**」が、Google Cloudでは「**Security Command Center Enterprise**」がCSPMと共通

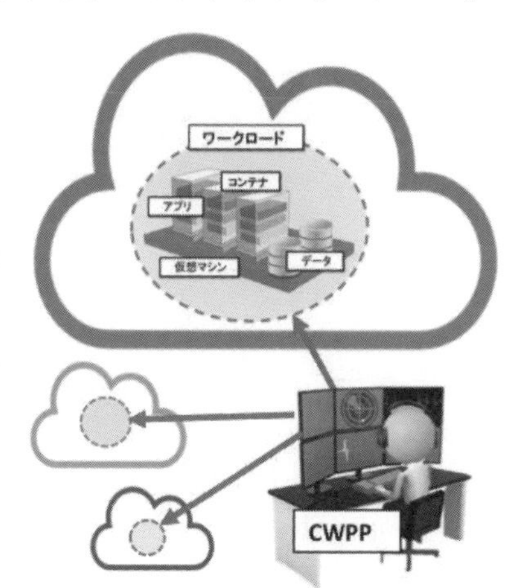

でCWPPの機能を担っているようですが、AWSでは単独提供はしていないものの、**GuardDuty**で未承認の異常活動を検知することによりワークロードを保護するとしています。

このようにCSPMとCWPP、そして場合によっては権限を最小限にするCIEMの機能を併せ持つ**CNAPP**（**Cloud-Native Application Protection Platform**）が、クラウドのインフラとアプリのトータルな防護サービスとして提供されるようになってきています。

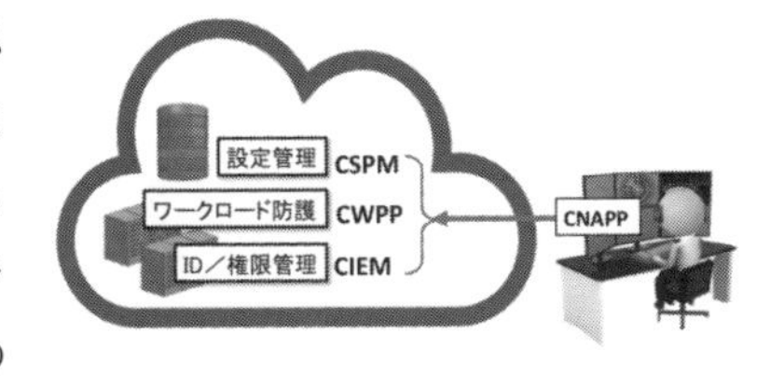

"セキュリティとコンプライアンス機能のセット"として提供されることもあるようですが、このCNAPPも2021年にGartner社が提案したクラウドネイティブアプリの防護のための仕組みで、クラウドセキュリティの運用を集約して行うためのソリューションとして提供されています。

AWSではCheck Point社の「**CloudGuard for AWS**」を利用することによりマルウェア・ゼロデイ攻撃からの保護、IPS機能による侵入への対処、ID防護が可能、としています（Microsoft の「Defender for Cloud」、Google Cloudの「Security Command Center」もCNAPPの機能を有しています。）。

CSPM、CWPP、CIEMの３つだけでなく**IaC**（**Infrastructure as Code**）を加えた４つをCNAPPの要素としている場合もあります。IaCは、クラウド上のアプリ等のリソースの設定、世代管理等をコードで管理する、というもので、CSPMの機能に組み込んで提供する製品・サービスもあります。

また、CNAPPの要素としてCIEMの代わりに**CSNS**（**Cloud Service Network Security**）を入れるベンダーもあります。CSNSはロードバランサー（負荷分散）、DDoS攻撃の防護、NGFW、WAAP等の機能を盛り込み、ネットワークのトラフィックを防護する仕組みです。

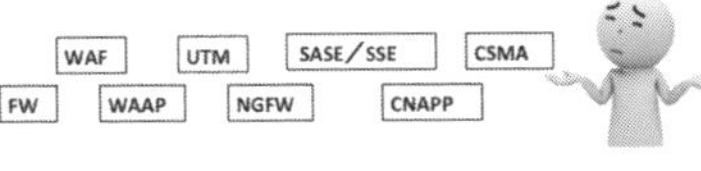

さらに、マルチクラウド化の進展等と共に組織のIT資産が分散化傾向にあることから、2022年にGartner社は、**CSMA**（**Cyber Security Mesh**

Architecture）という概念を提唱し、分散化されたIT資産やIDのセキュリティ対策（IDファブリック）を統合的に行う（統合ダッシュボード）ためのアプローチも提唱しています。

これは、セキュリティ対策の高度化に伴い、提供されるサービスが多様化（又は**「サイロ化」**～連携されず孤立化）していることから、これらの仕組みを統合的に管理する必要性が生じてきたためです。

例えば、CSPM等の監視手法や次のようなマルウェア解析の仕組みについても種々の手法・ツールが提供されていますので、統合化に向けた取組が必要な状況となってきているためです。

人を煙に巻くかのような、種々の用語（略語）を用いて多様なサービスを展開するセキュリティ・ベンダーの手の上で踊らされている感もありますが、捜査等の局面で彼らを相手にすることもあるでしょうから「知らない」では済まされない、と思わざるを得ないのかもしれません。

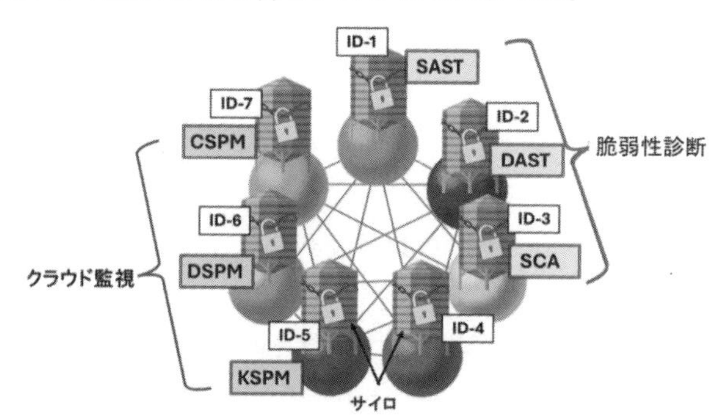

その他、アプリの解析、テストの際に用いられるものには次のようなものがあります。

・**SAST（Static Application Security Testing）**：ソースコードの静的解析手法
・**DAST（Dynamic Application Security Testing）**：ツールを用いてアプリの脆弱性を検出する手法
・**SCA（Software Composition Analysis）**：アプリ内のオープンソース（OSS、ライブラリ）の部品や脆弱性を特定する手法・ツール
・**SBOM（Software Bill of Materials）**：ソフトウェアの部品表。ソフトウェアを構成するコンポーネントやその相互依存関係、ライセンス等をリ

スト化したもの

3.2.8 セキュリティ・インシデントの検知・監視サービス

セキュリティ対応を司る部署（体制）のネーミングとしてSOCとCSIRTがあります。どちらもサイバーセキュリティを確保するための用務を担当しているのですが、どちらかといえば**SOC（Security Operation Center）**がインシデントが発生しないか常時監視を行い、その結果を分析することにより、サイバーセキュリティに関する脅威を阻止すべく、システムや機能を改善する予防保全（予兆保全）を実施したり組織に提言を行うことが任務の主眼であることに対して、**CSIRT（Computer Security Incident Response Team）**は、実際にセキュリティ・インシデントが発生した際に適切な対応を実施し、あるいは指示する司令塔であることに主目的が置かれています。

クラウドを利用するだけの企業等では、なかなか専門のSOCやCSIRTの組織を構築し、24時間体制で詰めることが可能なセキュリティ技術に堪能な人材を多数確保することは困難なので、**MDR（Managed Detection and Response）**と呼ばれるSOCやCSIRTの業務を受託して代行する業者も登場しています。

従来も**MSS（Managed Security Service）**として、セキュリティ機器管理やログ分析を受託するサービスはありましたが、通知されるだけで実際の対処は企業等に任されていたことから、インシデントに迅速に対処するMDRが重宝されるようになってきています。

企業としてはサイバー攻撃等への対策に要する組織のコンパクト化、コストの節約が可能なので便利なサービスかもしれませんが、当該企業のサービスやクラウドを含めたシステムがサイバー犯罪やサイバーテロの対象となったり、そのサービスを悪用したサイバー攻撃等の事案が発生した際には、これら受託したセキュリティ・ベンダーの協力を得ることが不可欠となります。

昔もそうだったのですが、サービスの継続やシステムの早期復旧を優先するため、証拠データの保存等を考えずに復旧作業を行ったり、そもそも被害状況を聴取しようとしても、委託側企業の職員に技術的知識や実務経験を有する人がいないことも多く、迅速に被害状況等の把握を行うだけでも苦労する、という経験をした法執行機関の職員も多いかもしれません。

・**SIEM（シーム）**

3.2.7 で説明しましたが、EDRやCNAPPといった、端末（エンドポイント）やクラウドにおける種々の検知データを集約しリスク分析を行うサービスも利用されるようになってきています。

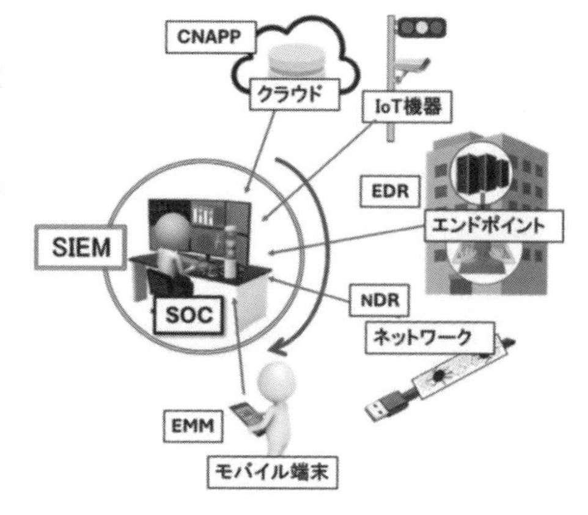

セキュリティ・ベンダーだけでなく、パブリッククラウドにおいても、

○**Google「Chronicle SIEM」**
○**Microsoft「Sentinel」**
○**Amazon「SIEM on Amazon Elasticsearch Service」**

のような、**SIEM（Security Information and Event Management）**と呼ばれる、ネットワークやセキュリティ機器等を監視し、そのログデータを収集・分析することにより、自動的かつリアルタイムに脅威を検出・通知するサービスを提供しています。

かつては**SEM**（**Security Event Management**）や**SIM**（**Security Information Management**）と別々だった「脅威検出」と「通知」を組み合わせてサービス提供が行われるようになったものです。

セキュリティ・ベンダーでも、パブリッククラウド事業者から提供されるアカウントのアクティビティ状況が記録され追跡可能なログ（AWSならCloudTrail）のデータを用いて分析し、さらに見やすく可視化したサービスを提供しています。

セキュリティ・インシデントが発生した場合には、SIEMの利用により、検知後直ちに通報される仕組みとなっていますが、通報を受ける顧客側の窓口が24時間体制になっているとは限りませんし、先に書きましたが、SOCやCSIRTといった組織がなく、専門知識を有さない担当者しかいないことも多いかもしれません。

結果的に、いくらSIEMを利用していても、インシデント発生時の通知が届くようになっていても、そのデータを基に適切な判断を迅速に下せるとは限らないのが実態かもしれません。

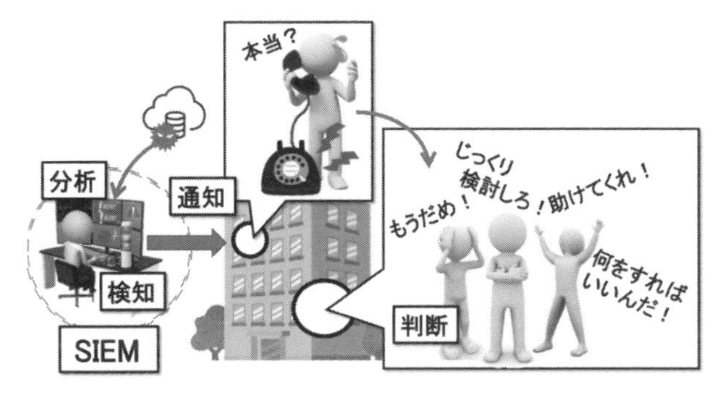

このSIEMの情報やエンドポイントの情報を収集し、設定ミス等の抽出を行い修正するための制御を自動的に行う技術として、Gartner社は2023年に**ASCA**（**Automated Security Control Assessment：自動化セキュリティ制御評価**）技術を提唱し、組織のセキュリティ管理体制の強化等を図ることとしています。

・SOAR（ソア）

セキュリティ対策の自動化ともいえるサービスとして登場したのが

SOAR（Security Orchestration, Automation and Response）です。

これも2022年にGartner社が提唱した仕組みで、セキュリティ・インシデントの監視・検知から分析、意思決定までを自動化し、直ちにインシデント対処までを実行するものです。

“Orchestration”や”Automation”という単語が並んでいますが、インシデント発生時に、検知情報等を**統合（Orchestration）**して判断し、**対処（Response）**を行う**プロセスを自動化（Automation）**する、というのがSOARの意味するところです（Gartner社による。）。

例えばエンドポイントにおいてマルウェアに感染したシステム等を検知し、危険度が高いと判断した場合には、ファイアウォールを操作することにより、そのシステムをネットワークから切り離し、EDRシステムを操作することにより、当該マルウェアの感染が拡大していないかなどを自動的に調査させるようなことも可能とするものです。

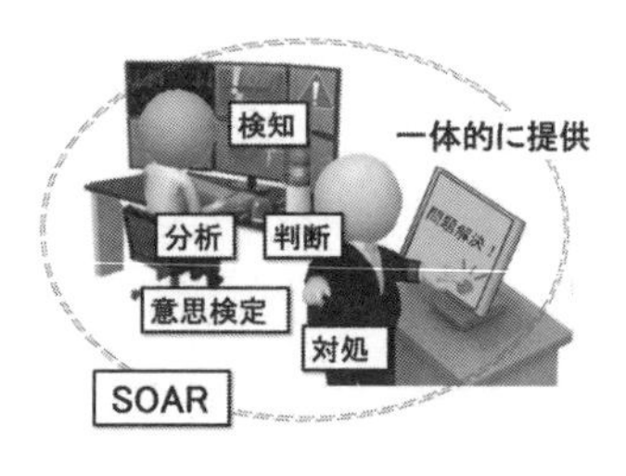

- **・SAO（Security Automation and Orchestration）：自動化と連携**
- **・SIRP（Security IR Platforms）：インシデント・レスポンス基盤**
- **・TIP（Threat Intelligence Platform）：脅威情報管理**

の３つの構成要素を組み合わせ、SIEMやXDR等のセキュリティツールと連携させ、検知した脅威情報を基に、自動的に対処の優先度を決めて実行する、という統合的な仕組みとして提供されています。

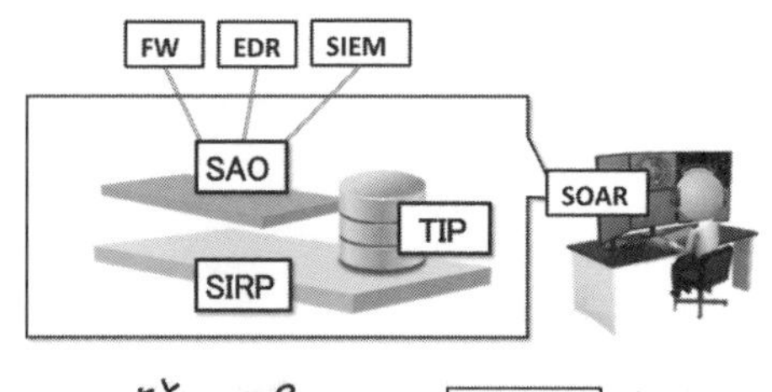

SIEMやSOARは、外部からの攻撃のみならず、内部リスクへの対応も対象としていて、このような**IRM／ITM（Insider Risk／Threat Management）**

ソリューションとしても提供されています。

捜査の際には、SIEM/SOAR等で検知した脅威、不正アクセス等が、どのセキュリティツール、ログから検出されたものなのか、当該データも含めて調査する必要があるので、これらのシステムを管理する組織・担当者との**“連携”**も重要です。

3.2.9 CTEM（シーテム）へ

CTEM（Continuous Threat Exposure Management：継続的脅威露出管理）は、2022年にGartner社が提唱したコンセプトですが、今まで説明してきた、不正アクセスやマルウェア感染等のセキュリティ・インシデントを迅速に検知し対処する様々なツール・サービスとは若干異なり、顧客（契約者）が有するIT資産やそれに対する脅威、管理体制等の全てを評価し、リスクを低減させるための対処を継続に行う、というトータルなサービスの提供を目指すものです。

最近では、脆弱性や不正アクセスにより、機密情報・個人情報が漏洩したり、その情報がSNS上にさらされる、という事態も多くなっています。ランサムウェアも暗号化して身代金を要求するだけでなく、公開サイトに情報を掲示する、といって二重に恐喝するものや、恐喝することもなく、サイト上にさらす、というものも増加しています。

外部からの攻撃だけでなく、内部から流出するリスクもあります。

例えば、いくらネットワークを経由してファイルを外部に送信することが阻止できる仕組みを導入していたとしても、**「スマホ持ち込み禁止」**等を徹底的にチェックしなければ、モニター上に映し出された情報が撮影され、転送されてしまいます。

同様に、書類の持ち出しが可能であるならば、書類を持ち帰り、スキャナーで読み取ってデータ化してサイトにアップすることも可能です。

家で作業しようとして、USBメモリに個人情報ファイルを詰め込み、帰宅途上で紛失等の事故が発生し、報道されていることは皆様ご承知のとおりです。

ASM（**Attack Surface Management**）では、インターネットからアクセス可能なIT資産の脆弱性等脅威を検出・評価する仕組みですが、その際には**CVE**（**Common Vulnerabilities and Exposures：共通脆弱性識別子**）や**CVSS**（**Common Vulnerability Scoring System：共通脆弱性評価システム**）等が利用されています。

このCVEの中に**“エクスポージャー”**という用語があります。

金融投資等では「**価格変動等のリスクにさらされている金融資産**」等を意味するようですが、セキュリティの面では、**情報の流出・漏洩等につながる、外部にさらされた脆弱要素等のリスクを指す**場合に用いられるものです。

従来も、攻撃対象領域を調べて脆弱性を特定するため、**EM**（**Exposure Management：露出**（**漏洩**）**管理**）や脅威に関してCVE等を用いる「**脅威エクスポージャー管理**（**TEM**）」が用いられていましたが、TEMやASM、SIEM/SOAR等ではインターネットからアクセス可能な範囲でしかIT資産等を把握することができません。

インターネットから容易にアクセスすることができないディープWeb、ダークWeb等の情報も含め、トータルなIT資産の管理に向け、CTEMが注目されるようになってきています。

CTEMでは、攻撃可能性・脅威を継続的にモニタリングし、リアルタイムで可視化・評価を行い、迅速な対処・修復を行うフレームワークで、5段階のステップのサイクルとして規定されています。

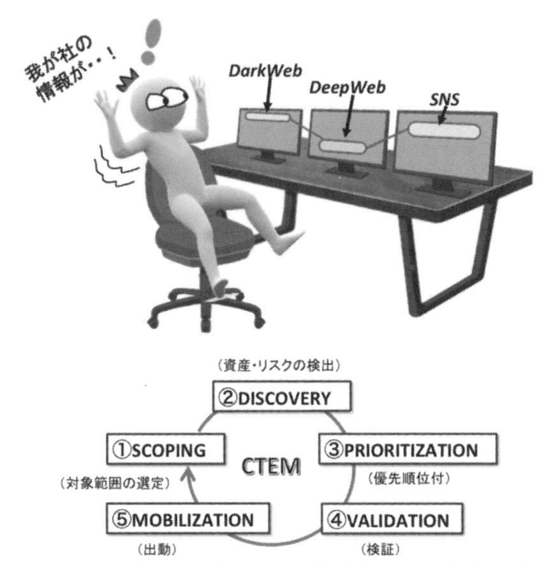

この５つ目のステップの「出動（又は“動員”）」は、調査・検証結果を基に対処を行うことを示すものです。

ASMは監視結果を基に、サイバーリスクを可視化し、客観的に分析・報告を行うものですが、対処の「判断」、優先順位付け等は、あくまでも“人”、特にASMサービスを利用する顧客の管理職層となります。

しかし、ご多分に漏れず、このような管理職・経営層のセキュリティ技術分野への造詣・理解力は、ほとんどないのが現状です。

この説明（担当者が上司の理解を得るための）に要する時間がもったいない（無駄）、ということから、自動的に対応が可能なCTEMに移行することは必然的なことかもしれません。

CTEMのフレームワークを実現するために、様々な製品（サービス）群を組み合わせて提供しています。

ネーミングも種々で、構成例としては次のようなもので、AI技術等も駆使しつつ検知や対処、判断の自動化を図るべくセキュリティベンダーがしのぎを削っている製品カテゴリーでもあります。

内部資産のみならず外部公開資産も管理対象としていて、中にはイスラエルのULTRA RED Ltd.の製品のようにダークWeb、アンダーグラウンド・マーケットの闇取引等も監視可能なものがあり、注視されています。

CTEMの構成要素として、次のようなものが用いられています。

・VA（Vulnerability Assessment）：脆弱性診断（評価）
・攻撃シミュレーション

BAS（Breach and Attack Simulation）
ASV（Automated Security Validation）
ABAS（Automated Breach Attack Simulation）
／ABAE（Automated Breach Attack Emulation）

脆弱性試験（ペネトレーションテスト）

CSIRTの業務として、脆弱性情報等の収集と分析、インシデント対応等と並んで、脆弱性試験等を実施したり、その結果を基にセキュリティ監査の業務を担っている場合があります。

昔も企業のサーバ群に対する脆弱性調査のための**貫通試験（ペネトレ）**は行われていました。

この**ペンテスト**、ツールを用いて自前で実施したり、外部ベンダー等に委託して実施することも多くありました。

ASMの場合は、このような侵入テスト（攻撃シミュレーション）によるリスク評価機能を有しているものもありますが、外部も含めた"隠れ端末"等のIT資産を見付け出せることもできるよう継続的にモニタリングを行い、ログ等の調査も行うことができる点がペネトレとは異なっています。

最近では、自動化されたペネトレーションテストを行うためのツール（**APT：Automated Penetration Testing**）も登場しています。

クラウドを活用したペネトレーションテストサービスは**PTaaS（Penetration Test as a Service）**と呼ばれており、従来のペネトレと比較して、自動テスト等も継続的に実施したり、その結果に合わせて改修支援を行うサービス等を実施しています。

3.2.10 クラウド上の防護

重要なデータやシステムを防護するためには、それがクラウド上に保存されていたとしても、クラウドだけを対象にした防護を行うのではなく、利用者等の「エンドポイント」、組織とクラウド、クラウドと利用者をつなぐネットワーク等も含めトータルなセキュリティの確保が必要となります。

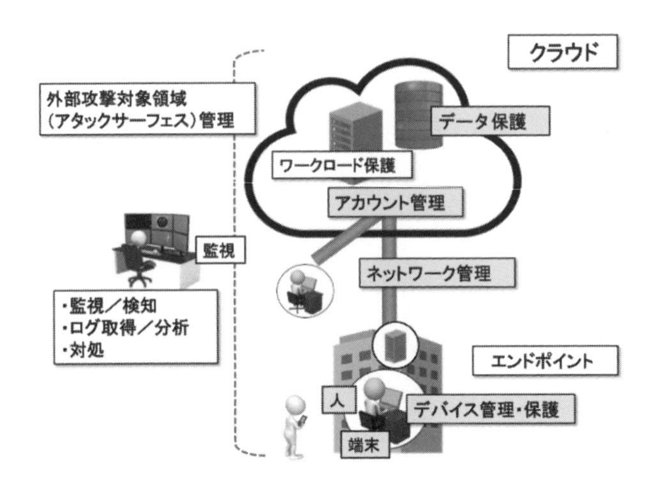

システムやサービスを計画する段階から、どこにどのような対策・措置が必要なのか、それを可視化して検討を行う必要があります。

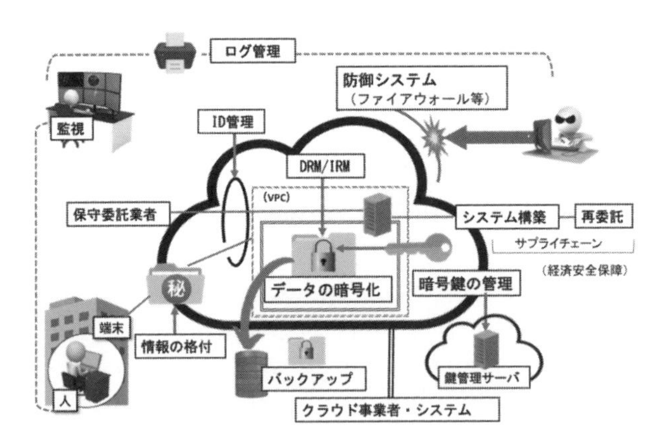

利用するクラウドサービス事業者でも、セキュリティ面の対策やサービスの提供には力を入れていますので、これらの有効活用を図ることが適当です。

しかしながら、これらのサービスは機能内容や対象範囲、費用等もバラバラですし、何より名称すら統一されていません。

次に、パブリッククラウドにおけるセキュリティ関連サービス（の一部）を示します。

サービス内容	Amazon AWS	Microsoft Azure	Google Cloud
ID管理	AWS IAM Identity Center	Microsoft Entra ID,Azure Active Directory External Identities	Cloud Identity, Workload Identity 連携
	Amazon Identity and Access Management	Azure Identity Management	Identity and Access Management
	AWS Verified Access	Azure Application Proxy	Identity-Aware Proxy(IAP)
	AWS Managed Microsoft AD	Azure Active Directory Domain Services	Managed Service for Microsoft Active Directorey
リソース管理	AWS Config	Azure Resource Graph	Cloud Asset Inventory
	AWS Resource Access Manager,AWS Organization	Azure Resource Manager	Resource Manager
	Amazon Security Lake	Azure Sentinel	Chronicle
鍵・リスク管理	AWS Secrets Manager,AWS Systems Manager Parameter Store	Azure Key Vault	Secret Manager
	AWS Key Manager Service(KMS)	Azure Key Vault	Cloud Key Management Service(Cloud KMS)
	Amazon Guard Duty, AWS Security Hub, Audit Managere, AWS Config	Microsoft Defender for Cloud	Security Command Center
ネットワークの設定、負荷分散、防護等	AWS WAF, AWS Shield	Azure WAF	Google Cloud Armor
	AWS Shield Advanced	Azure DDoS Protection	Google Cloud Armor Managed Protection Plus
	AWS Network Firewall, AWS Security Groups, AWS Network Access Control List(ACL)	Azure Firewall	Cloud ファイアウォール
	Elastic Load Blancing	Azure ロードバランサ	Cloud Load Balancing
	AWS Virtual Private Network(VPN)	Azure Virtual Private Network (VPN)	Cloud VPN
	Amazon Cloud WAN, AWS Transit Gateway	Azure Virtual WAN	Network Connectivity Center
	AWS PrivateLink	Azure Private Link	Private Service Connect
	AWS Network Manager	Azure Network Watcher	Network Intelligence Center
	AWS Cloud Map	Hashicorp Consulサービス	Service Directory
	AWS NATゲートウェイ	Azure NAT ゲートウェイ	Cloud NAT
	Amazon Virtual Private Cloud(VPC)	Azure Virtual Network	Virtual Private Cloud
監査・ログ	AWS CloudTrail	Azure監査ログ	Cloud Audit Logs
	Amazon CloudWatch	Azure Monitor	Cloud Monitoring
	Amazon CloudWatch Logs	Azure Monitorログ	Cloud Logging

3.2.11 インシデント対応と"フォレンジック"

クラウドサービスを利用する組織からすると、ネットワーク経由の攻撃も含め、外部からの攻撃には迅速・的確に対応してほしい、というニーズに対応したサービスの提供を求めています。

そこで登場したのが**DRPS（Digital Risk Protection Services：デジタルリスク保護サービス）**で、**DFIR（Digital Forensics and Incident Response:DFとIRの統合サービス）**と共に、急増するサイバーセキュリティ脅威に自動的かつ速やかに対処するためのサービスとしてAI技術等も活用した製品・サービスが数多く出現しています。

クラウドの脆弱性調査(スキャン)

パブリッククラウドにより脆弱性検知の手法も異なります。

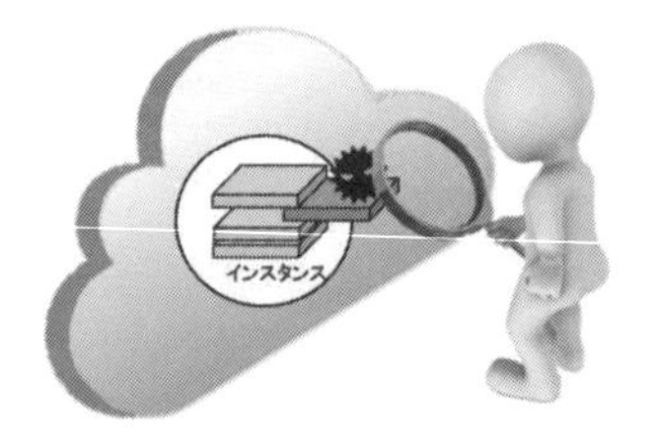

AWSの場合は、Amazon Inspectorを用いることにより、インスタンスの脆弱性を自動的に評価・可視化表示することが可能です。

Microsoft Azureの場合には、Defender for Cloudがこれに該当します。

Google Cloudの場合には、Container Analysis(Google Container Registry)により脆弱性スキャンを行うことが可能です。Webアプリの場合にはWeb Security Scannerが利用されます。

クラウド環境やアカウントに対する脅威検出サービスとしては、AWSの場合にはAmazon GuardDuty、Azureの場合はMicrosoft Sentinel、Google CloudではSecurity Command Center等が利用されます。

3.3 クラウドのセキュリティ、フォレンジックに関連する規定等

クラウドのセキュリティを確保するための規格・規定や、クラウドを対象としたフォレンジック手法については、まだまだ技術やサービスの進化・普及の途上にあることから、不確定な部分もあります。

クラウドサービス事業者のサービス約款等も含め、実際の規定、規定内容等は最新のものを参照するようにお願いします。

3.3.1 クラウドセキュリティに関する規定等

クラウドのセキュリティ確保に関する規定としては、ISO/IECのような国際標準以外に、米NIST等の公的機関が定めたガイドライン、業界団体が

推奨するようなデファクト・スタンダード的なものまで様々なものが制定され、利用されています。

クラウド以外にも遵守すべきセキュリティ関連規定もありますので、併せて列挙すると次のようになります（「ゼロトラスト」等に関する規定も含みます。）。

○国際標準

- ISO/IEC 17788（JIS X 9401）Information technology — Cloud computing — Overview and vocabulary
- ISO/IEC 17789 Information technology — Cloud computing — Reference architecture
- ISO/IEC 27017 Information technology — Security techniques — Code of practice for information security controls based on ISO/IEC 27002 for cloud services
- ISO/IEC 27018 Information technology — Security techniques — Code of practice for protection of personally identifiable information (PII) in public clouds acting as PII processors
- ISO/IEC 27036-4:Information security — Security techniques — Information security for supplier relationships — Part 4: Guidelines for security of cloud services

○NIST（National Institute of Standards and Technology：米国立標準技術研究所）

- NIST SP 500-291 NIST Cloud Computing Standards Roadmap (Cloud Consumer, Cloud Provider, Cloud Auditor, Cloud Broker Cloud Carrier)
- NIST SP 500-292 NIST Cloud Computing Reference Architecture
- NIST SP 500-307 Cloud Computing Service Metrics Description
- NIST SP 500-316 Framework for Cloud Usability
- NIST SP 500-322 Evaluation of Cloud Computing Services Based on NIST SP 800-145
- NIST SP 800-144 Guidelines on Security and Privacy in Public Cloud Computing

・NIST SP 800-145 The NIST Definition of Cloud Computing
・NIST SP 800-190 Application Container Security Guide
・NIST SP 800-210 General Access Control Guidance for Cloud Systems
・NIST SP 800-207 Zero Trust Architecture（ZTA）
・NIST SP 800-213 IoT Device Cybersecurity Guidance for the Federal Government: Establishing IoT Device Cybersecurity Requirements
・NIST SP 1800-35（2nd Preliminary Draft）Implementing a Zero Trust Architecture

○その他

・NIST CSF（Cyber Security Framework）
・CISA（Cybersecurity and Infrastructure Security Agency）「Zero Trust Maturity Model」
・NSA（National Security Agency）「Advancing Zero Trust Maturity Throughout the User Pillar」
・CSA STAR認証：CSA（Cloud Security Alliance）が提供するSTAR（Security, Trust & Assurance Registry）認証（米国）
・FedRAMP（Federal Risk and Authorization Management Program）：クラウドサービスを対象とする米国連邦政府の調達要件に関する認証制度
・Government Cloud（G-Cloud）：英政府機関のクラウド利用基準
・ECE StarAudit Certification：EuroCloud Europe（ECE）による認証制度
・SOC2,SOC2+：米国公認会計士協会（AICPA）が定めるサイバーセキュリティに関する評価基準

○我が国における基準等

・「政府機関等のサイバーセキュリティ対策のための統一基準」（サイバーセキュリティ戦略本部）
・ISMAP（Information system Security Management and Assessment Program：政府情報システムのためのセキュリティ評価制度）

・DX認定制度（情報処理の促進に関する法律第31条に基づく認定制度）：「デジタルガバナンス・コード」の基本的事項に対応する企業を国が認定する制度
・CSマーク：特定非営利活動法人日本セキュリティ検査協会（JASA）による情報セキュリティ監査制度の認定マークがCSマーク

3.3.2 インシデント対応やフォレンジックに関する規定

クラウドを含め、セキュリティ・インシデント対応要領やクラウド・フォレンジックに関する規定については、次のとおりです。

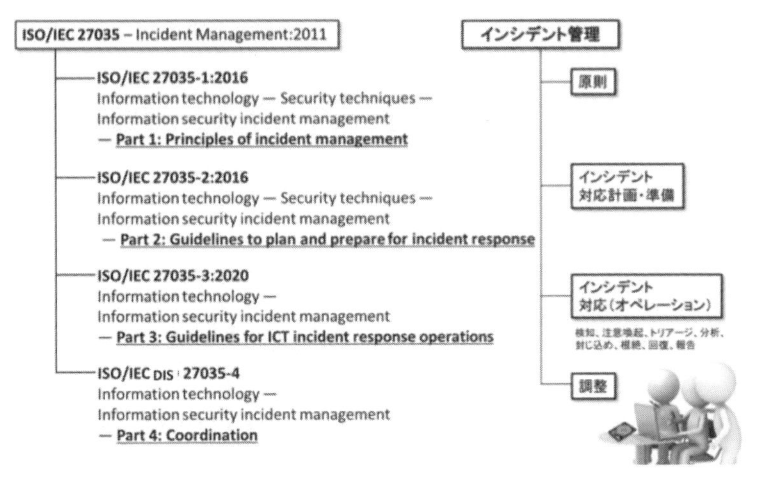

・ISO/IEC 27035 Information security Incident Management
・ISO/IEC 27037 Information technology — Security techniques — Guidelines for identification, collection, acquisition and preservation of digital evidence
・NIST SP 800-86 Guide to Integrating Forensic Techniques into Incident Response
・NIST SP 800-201 NIST Cloud Computing Forensic Reference Architecture
・NIST SP 800-61 Incident Response Recommendations and Considerations for Cybersecurity Risk Management: A CSF 2.0 Community Profile

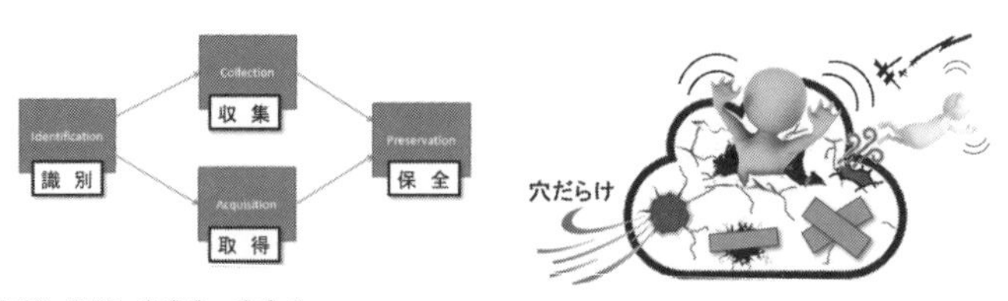

NIST SP 800-201

NIST Cloud Computing Forensic Reference Architecture

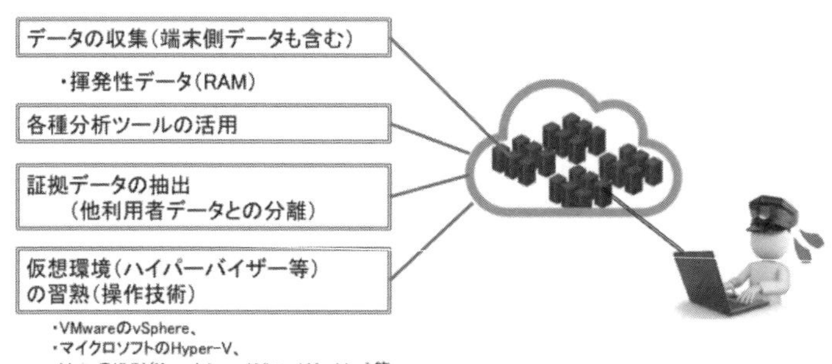

・各種国際標準に注意（IoT）

最近は、種々のセンサー機器の情報を収集したり制御機器等のコントロールを行ったりする際にも、クラウドが使用されることが多くなっています。

これらの多数の機器のOSやアプリに脆弱性が見付かっても、全ての機器のソフトウェアアップデートを実施しなければ、これらの機器のセキュリティホールから侵入されたり、システムを悪用されたりしますので、IoT機器を用いる場合には、以下のような規定等も必要に応じて参照してください。

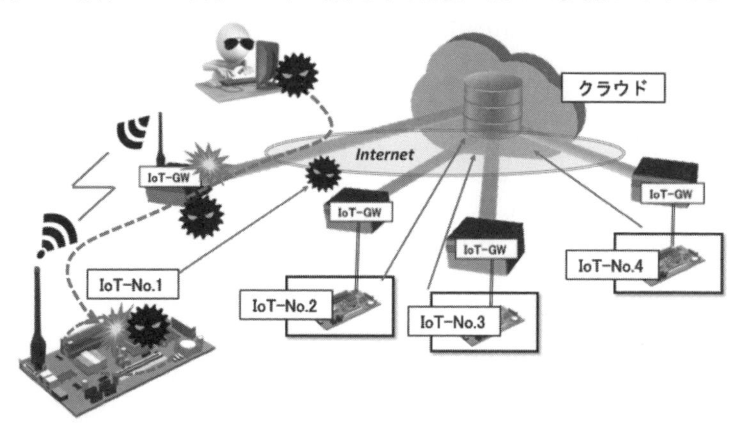

- ISO/IEC 30147 Internet of Things (IoT) - Integration of IoT trustworthiness
  activities in ISO/IEC/IEEE 15288 system engineering processes
- IEC 62443-4-2 Ed. 1.0　Security for industrial automation and control systems - Part 4-2: Technical security requirements for IACS components
- ISO/IEC 30161-1:2020（IoT:一般要件・機構）
- ISO/IEC 30161-2:2023（通信プロトコル）
- ISO/IEC 30162:2022（互換性）
- ISO/IEC 30163:2021（SN:センサーネットワーク技術）
- ISO/IEC TR 30164:2020（ Edge computing）
- ISO/IEC 30165:2021（リアルタイム　IoTフレームワーク）
- ISO/IEC 30166:2020（産業用IoT）
- ISO/IEC 30167:2021（水中伝送技術）
- ISO/IEC TS 30168:2024（Generic trust anchor application programming interface for industrial IoT devices）
- ISO/IEC 30169:2022（ELS）（Electronic Label System）
- ISO/IEC 30171-1:2022（Base-station based underwater wireless acoustic network（B-UWAN））
- ISO/IEC 30171-2:2023　Transport interoperability between nodal points

etc.

3.4 クラウド・フォレンジックの必要性

クラウドの利用が進むにつれ、「クラウド」へのサイバー攻撃が増加したり「クラウド」を悪用した犯罪やサイバー攻撃が増加する等のリスクへの対処が必要となります。

3.4.1 クラウド・フォレンジックの意味

クラウドのシステムに不具合が発生したり、システム担当者等の設定や運用に不具合等が生じた場合には、調査を行う必要があります。

もちろん外部からのサイバー攻撃、不正アクセス等が発生した際は、法執行機関等による捜査を行う必要があるかもしれません。

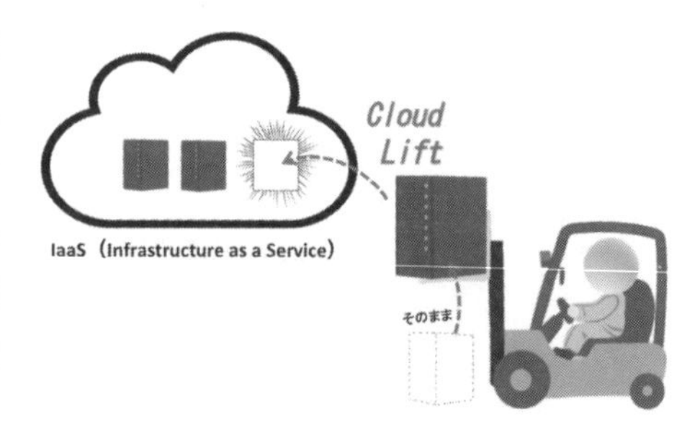

例えば、急いでクラウド化を進めようとして、組織のDX化を検討し、従来のオンプレシステムを置き換えてクラウド化を図る（**クラウド・シフト**）のではなく、そのまま移行（**クラウド・リフト**）した場合には、たとえ移行コストの抑制が可能等のメリットがあったとしても、オンプレ時代には出現しなかった不具合が脆弱性となり外部からのサイバー攻撃を受けてしまう、というリスクもあります。

サイバー攻撃等、明らかに犯罪行為である、と判断される場合でも、組織のトップとしては、捜査機関への届出よりもシステム（サービス）の復旧が最優先である、と考えがちです。

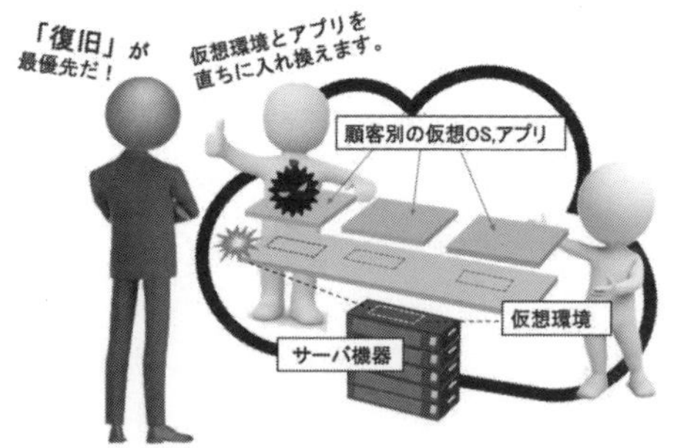

特にクラウド上で稼働するシステムに障害が発生したり、攻撃を受け停止状態に陥った場合、サーバ機器には物理的な損傷はないことが多いので、仮想環境をバックアップしたデータやアプリからリストア（復旧）、リカバリ（復元）して、一刻も早く業務を再開しようと思うかもしれません。

一旦データを上書きしてしまえば、サイバー攻撃の痕跡や障害・侵入箇所の特定等の作業が難しくなりますし、きちんとログを取得することが可能なサービス等を利用していないと、原因特定等が困難になるかもしれません。

このような状況に陥らないように、事前にセキュリティ対策を検討することにつなげることも、「クラウド・フォレンジック」の役割なのかもしれません。

業務やシステムの変化に伴い「フォレンジック」も変わる

昔なら、金融機関の「勘定系」のシステムは、その機関の本店と支店を結ぶクローズドなネットワーク内でのデータ移動を把握しておけばよかったのですが、ネットバンキングの普及、他行等との連携等のニーズの高まりにより、勘定系システムもインターネットとの接続が不可避となりました。

支店業務の集約（統廃合）やインターネット取引へのシフト、さらにはシステム自体のクラウド化も進められています。

金融機関においてインシデント・レスポンスやデジタル・フォレンジックが求められるシチュエーションでは、まず、どのようなシステムが用いられているのかを可視化する必要があります。

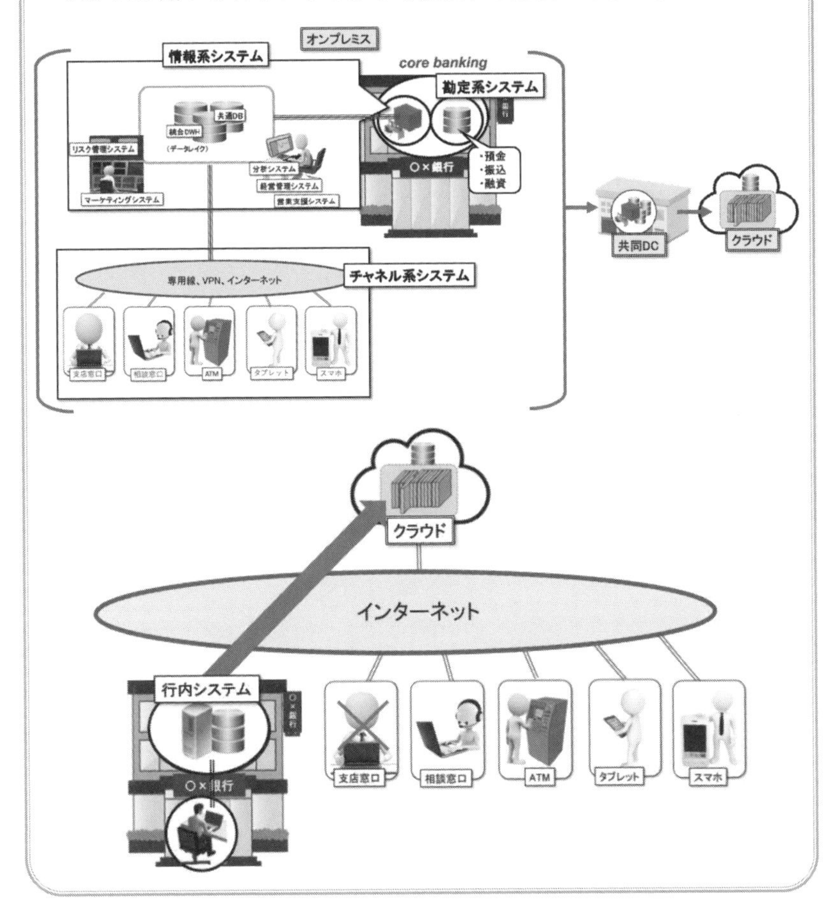

3.4.2 クラウド・フォレンジック作業の基本

「クラウド・フォレンジック」に関する基準や手法に関しては、3.3で説明していますが、まだまだ技術的にも法的にも確定された手法や手順が整っているわけではありません。

パブリック・クラウド事業者のサイトや関連ブログ等にフォレンジック調査手法等が掲載されていますが、基本的にはデジタル・フォレンジックの基本的要素、すなわち、電子データの適切な取扱いに関する**「手続の正当性」**、適切な手法･技術を用いて証拠データの可視化･解析を行う**「解析の正確性」**、解析結果の検証や再現が可能となるようにする**「第三者検証性」**を遵守することが必要です。

3.4.3 パブリック・クラウドにおけるフォレンジック調査例

例えば、アマゾン（AWS）の関連ブログとして、**「AWS 上でフォレンジック調査環境を構築する際の方策」**等が取り上げられていて、フォレンジックに関する様々なトピック、有用な情報等が掲載されています。

例えば、

- **収集すべき証拠のアーティファクト**
- **使用すべき AWS サービス**
- **フォレンジック分析ツールのインフラ**

等の項目があります。

例として、アマゾン（AWS）のセキュリティ･ログ関連サービスであれば、

- **Amazon EventBridge**：Amazon以外も含め様々なサーバレスのイベントソースから発生するイベントを受け取り接続するサービス（**CloudWatch Events**（AWS内のイベント､cron機能による定時イベントのみ取り扱う）の進化形）
- **AWS Security Hub** ：AWSのセキュリティ状態を包括的に把握することが可能となるよう、アラートを集約し自動修復を可能とする管理サービス
- **AWS CloudTrail**：イベントを記録し、業務監査、リスク監査、ガバナンス等に寄与するサービス

・**Amazon GuardDuty**：AWSアカウント、ワークロード、データを保護するための脅威検知サービス

等を利用することにより、イベントの記録やその解析等に資することが可能となります。

○調査用インスタンスの準備と"デッド分析"

具体的なクラウド・フォレンジックの調査手法に関しては、第４章以降で説明しますが、クラウド上のサーバやデータベースがサイバー攻撃を受けたり、障害により機能停止になったりした際の調査（捜査）を行うには、まず、そのための環境（クラウド上の"インスタンス"）構築を行う必要があります。

直接､クラウド上のサーバ機能やデータに「調査（捜査）のため」とはいえ、不用意にアクセスすると、データの記録状態が変化してしまうことにつながりますので、書込み・改ざん防止（ライトブロック）措置をとることが不可欠となります。

特に、サイバー攻撃等により被害が発生した場合等には、それ以降の外部からの攻撃やアクセス等を阻止する必要がありますので、被害状況等を速やかに把握するため、データのバックアップ等にも利用される**"スナップショット"**の機能を活用して現状保存を行い（イメージ化する）、そのイメージデータを用いて解析する手法が用いられ、この手法は**"デッド分析"（又はデッドボックス・フォレンジック、デッド・アナリシス）**と呼ばれます。

捜査官だけでこれらの作業を行うことは、困難かもしれません。適切なツールや人材を確保し、システム管理者との連携を図りながら、的確な解析作業を行うことが求められます。

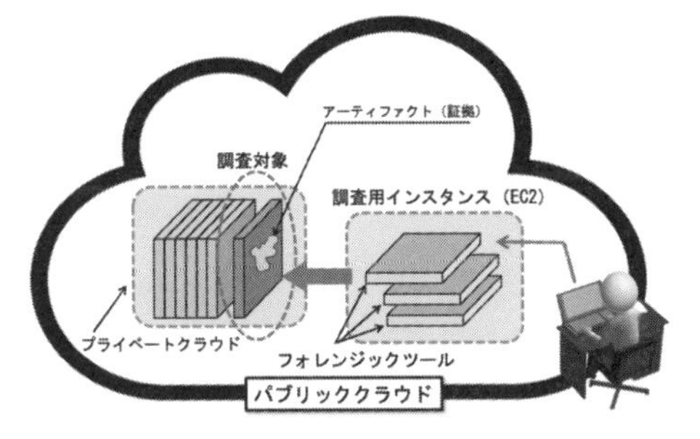

例えば、Webサイトもクラウド上に構築することが増加していますが、アマゾン（AWS）のEC2（Amazon Elastic Compute Cloud）を用いてWWWサーバを構築し、そのサイトが外部からのサイバー攻撃を受けた場合、その被害状況を調査（捜査）する際には、概略として、次の図のように調査用インスタンスを準備し、被害が発生したサイトのデータをイメージ化してセキュアにロー

カルPC等にダウンロードした上で、調査・解析を行うことになります。

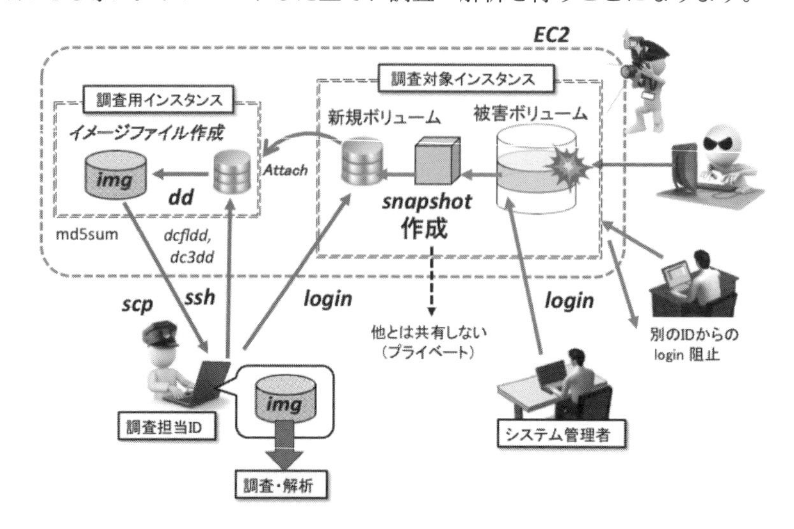

しかし、メモリ上でのみ活動するマルウェアの増加、インメモリデータベースの利用増等により、システムを稼働させた状態で揮発性メモリの情報やネットワーク接続の状況を把握する**ライブ・レスポンス**、ひいては**ライブ・フォレンジック**の必要性も増大しています。

○"ライブ・フォレンジック"

運用中の仮想プライベートクラウドがマルウェアに感染した場合、そのマルウェアに対して指示を行い、あるいは収集したデータを送付するC&Cサーバと接続し、指令を待ち受ける、というサイバー攻撃も、従来のオンプレのサーバと同様に起こり得ます。

リアルの場合でも、**NIC (Network Interface Card)** でトラフィックのミラーリングを行い、そのデータを利用した分析(ライブ・フォレンジック)を行う手法が用いられることもありましたが、クラウドでも同様な手法をとることが可能です。

このNICも、

AWSなら**ENI (Elastic Network Interface)**、

Google Cloudの場合は**Google Virtual NIC (gVNIC)**、

Microsoft Azureは、**VM (NIC)**

と、パブリック・クラウドごとにネーミングが異なっており、ミラーリングを行うサービスに違いがありますので、慣れが必要となります。

※トラフィックのミラーリングが行えるサービスの名称は次のとおりです。

AWS：**VPCトラフィックミラーリング**

Google Cloud：**Packet Mirroring**

Microsoft Azure：**Azure Virtual Network TAP**

ミラーリングしたデータを用意した調査用インスタンスに接続し、接続先等の情報を得て調査・分析を行います。

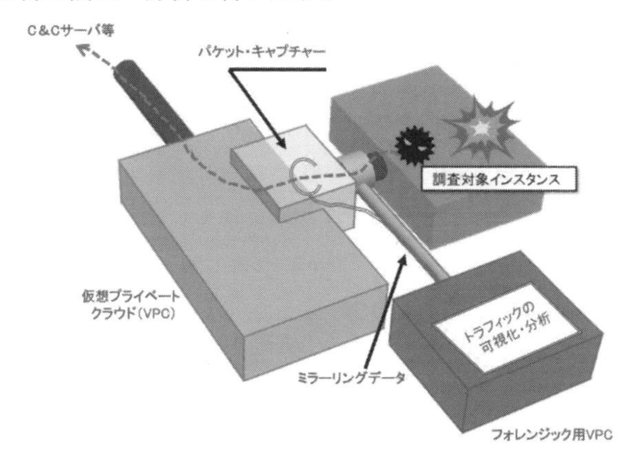

3.4.4 クラウド内部の調査

サーバやネットワークの保守コマンドにはpingやtraceroute（tracert）等のように、疎通確認（到達可能性や遅延時間、ネットワークの混雑度等）や経路確認に用いられるものがあり、ネットワークトラブル発生時等に役立つツールです。

これらは**ICMP（Internet Control Message Protocol）**プロトコルを用いています。

昔、海外ドメインを装った国内サイトの所在を調べたりするのにも使用していたことを思い出しました。

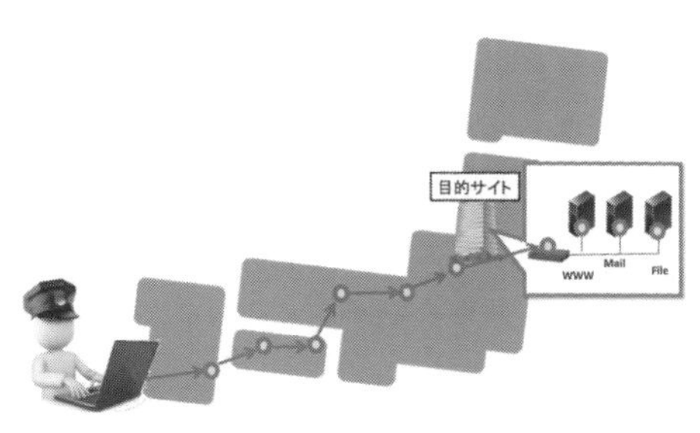

現在では、Webサイトもクラウド上に構築されることも多いのですが、その場合にもこれらのコマンドが利用できるのでしょうか？

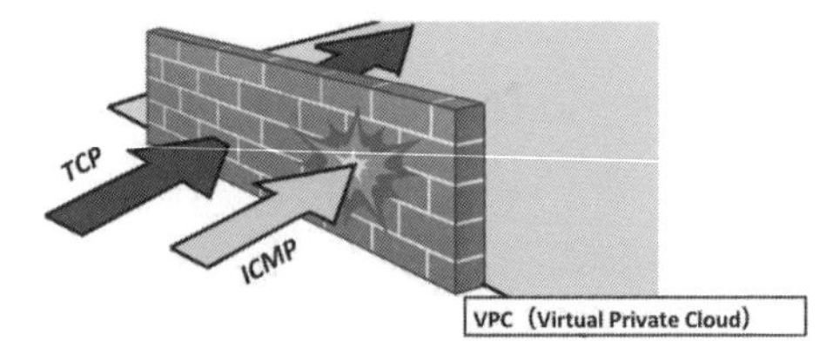

例えば、pingコマンドを利用すれば、**pingスキャン**のような偵察行為、**ping（ICMP）フラッド**のようなDDoS攻撃を行うことが可能なので、仮想プライベートクラウドの中に対しては、通常の状態ではICMPは許可されていません。

AWSのセキュリティグループの設定でICMPを許可することは可能ですが、接続の追跡やポートの開閉状況を応答することになりますので、もし調査作業等のためにICMPを許可した場合でも、作業終了後には不許可に戻すことを忘れないようにしなければなりません。

TCP/UDPは利用できるようになっていることがほとんどなので、pingの代わりにTCPpingやPsPing、traceroute（tracert）の代わりにtcprouteやtcptracerouteを用いたりもします。

場合によっては、NetCat、NetStat、Nmap等のツールを用いる人がいるかもしれません。

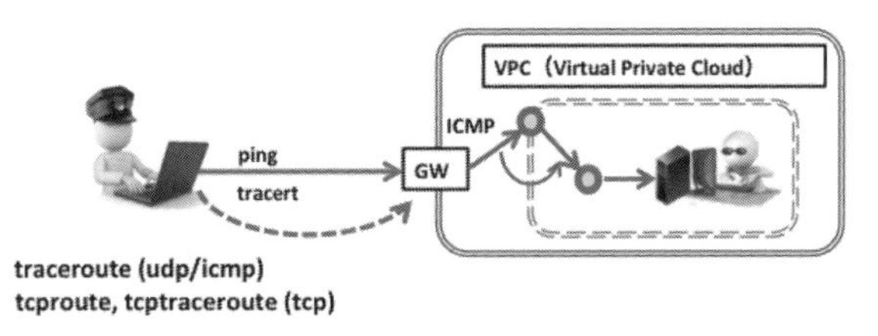

通常の保守作業では、pingやtraceroute等は利用できないかもしれませんが、AWSの場合には AWS CloudShell/CLI、Google Cloudの場合にはCloudShell/CLI、Microsoft Azureの場合は Azure PowerShell/CLI等のツールが利用できます。

例えば、AWSのCloudShellは、ダウンロードしてインストールすることなくブラウザからサインインすることにより、ツールを備えた環境の利用が可能となります。

CloudShellは便利ですが、基本的にはLinux上のコマンドラインで操作を行うことになりますので、様々な作業を行うためには、Bash（シェル）や、それぞれのコマンド操作に習熟しておくことが重要です。

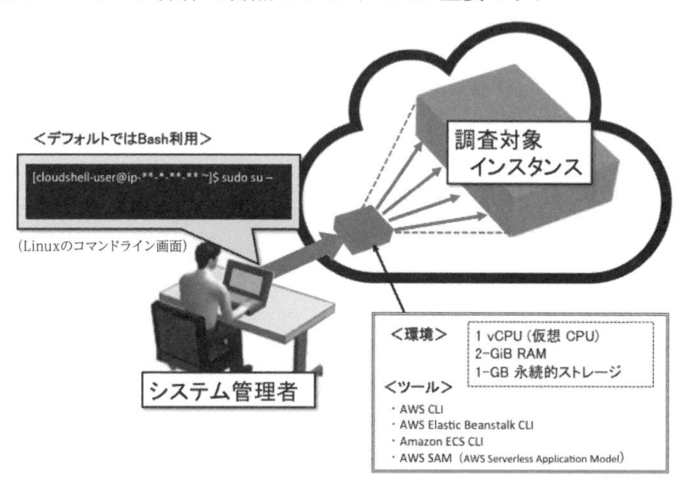

第2部

クラウド・フォレンジックの実務・作業例

第4章 インシデントの検知・対応

4.1 クラウド・フォレンジックと障害対応

「インシデント対応」といっても、クラウドサービス事業者による対応の内容や「クラウド・フォレンジック」に必要なリソース・技術と、法執行機関等が捜査を行う上で必要とする「クラウド・フォレンジック」の内容は異なっています。

まず、インシデントの検知は様々な形で行われますが、多くはクラウドシステムの動作異常（アラート）の通報の受理やサービス利用者等の外部の方からの通報等によりクラウドサービスの事業者は気づくことになります。

障害やサイバー攻撃によりクラウドが関係するサービスや業務が停止した場合、その被害の影響を最小限にとどめ、システムの復旧や業務の再開を図るためには、迅速な検知を行うことが重要となります。

システム管理者であれば、障害箇所若しくは攻撃を受けたポイントや原因は、システム構成等を熟知していれば、これらの特定を行い、システムの復旧・業務の再開を行うことは比較的短時間で行うことが可能でしょうが、迅速な検知を行うためには、利用しているクラウドの日常的なモニタリングが不可欠となります。

システムの異常を早期に検出するための手段として、**SOC（ソック：Security Operation Center）**等、各種のセキュリティサービス・システムが多くのベンダーから提供されています。

障害やサービス停止の原因がサイバー攻撃によるものであるか、その可能性が高いと判断された場合には、警察等法執行機関への通報が行われ、ここで法執行機関側が初めて認知することになります。

サイバー攻撃の侵入ルートや手口、履歴・経緯等を明らかにした上で、証拠を保全し、遅滞なく攻撃元の特定・捜査を行うためには、被害者側のシステム管理者や調査担当者だけでなく、法執行機関側もシステムやサービスの状況を的確に把握する必要があります。

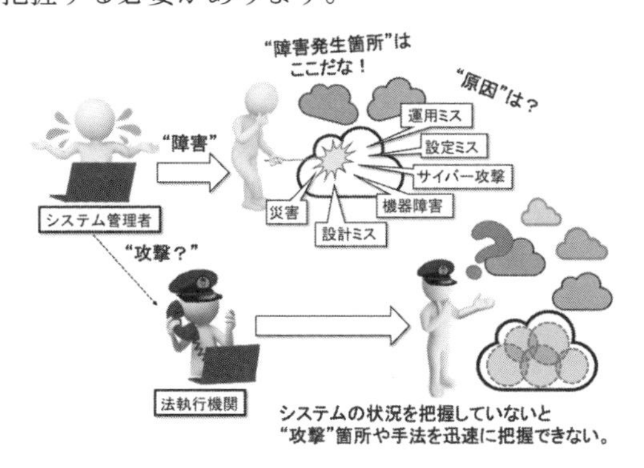

○「クラウド・フォレンジック」の範囲と実施内容

クラウドサービス事業者の場合には、「クラウド・フォレンジック」といっても、インシデント対応、つまり障害の復旧と業務再開への努力を行った後に、残ったデータを解析し、障害等の再発防止に資する活動が中心になるかもしれません。

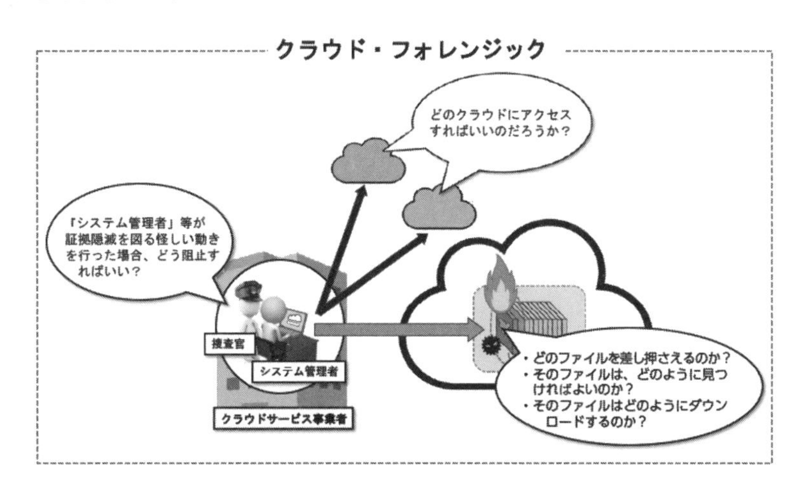

できる限り障害等の状況を早期に検出し、復旧を行う必要があることから、**「クラウド環境下における検知と対応（CDR：Cloud Detection & Response）」**がクラウドセキュリティを確保する上で重要なポイントとして捉えられています（昔は“デジタル・フォレンジック”が必要となる場面で“CDR”というと“Compact Disc Recordable”の解析のことを指していたものですが……⇒）。

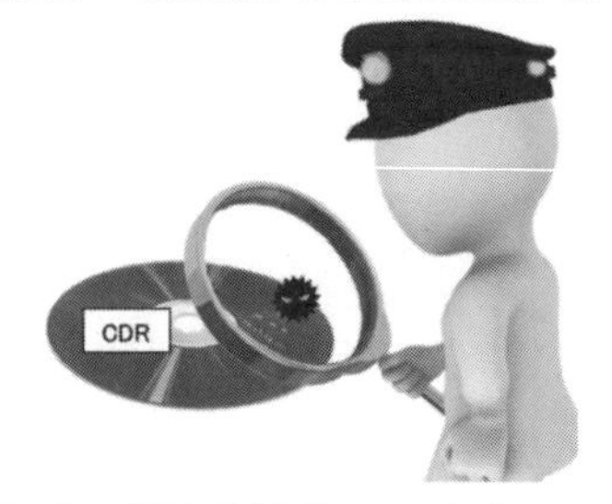

事業者の経験豊かなシステム管理者等であれば、障害が発生するポイントやサイバー攻撃を受ける脆弱な箇所が予測できるかもしれませんが、法執行機関の捜査官の場合には、被害が発生したポイントが明白な場合でも、その被害箇所のデータ解析や捜査に先立ち、サイバー攻撃等により攻撃を受けたポイントや攻撃手口等に関する情報収集を、まず行う必要があります。

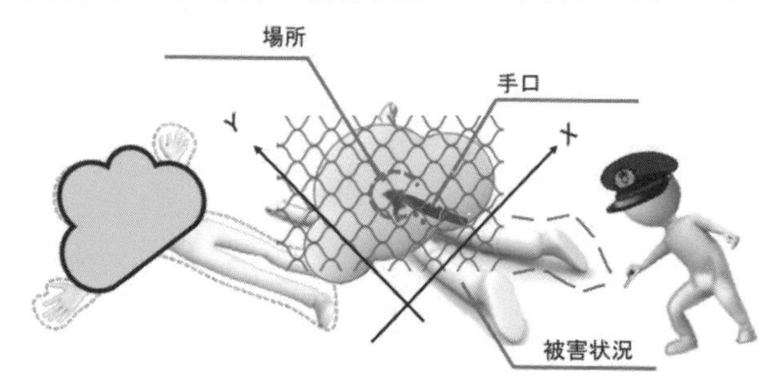

クラウド上の証拠データの所在確認を行い、犯罪捜査に必要なデータをいかに効率的に抽出するのか、また、被害発生の原因を特定するために必要な設定情報や稼働環境等を明確にすることも非常に重要な作業で、これらの活動も「クラウド・フォレンジック」と位置付けられます。

刑事訴訟法218条２項には、捜査に必要がある場合には、「リモートアクセス」による複写の処分が規定されていますが、捜査現場の担当者の中には、**「情報収集＝リモートアクセス」**で、このようにして入手した「記録媒体」の

解析を「クラウド・フォレンジック」と捉えている人もいるかもしれませんが、この考え方は間違いです。

クラウド上のデータの所在を明確にし、必要な複写範囲を明確にするための活動も含め、捜査の際には、各種の情報を収集する必要があり、これらの活動も含めて「クラウド・フォレンジック」と捉えることが適当です(3.3.2でも説明しましたが、NIST SP 800-201 の規定で「データの収集」も含めた規定となっています。)。

このように、クラウドのシステムやサービスが障害を受けたり、サイバー攻撃を受けた場合の、当該クラウドベンダーやサービス事業者がやるべきことと、法執行機関が行うべき活動や処置等の内容は、まったく同じというわけではありません。

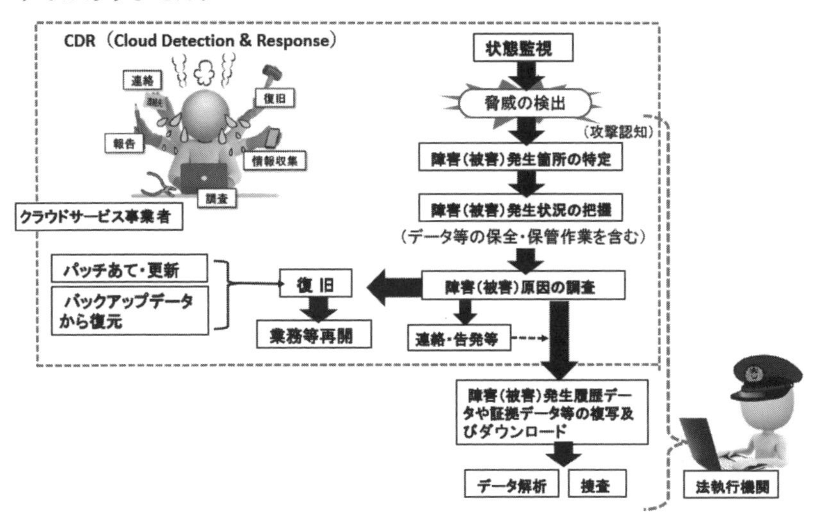

以下、具体的な情報収集、初動対応等について説明します。

4.2 情報収集と保全の手法

4.2.1 被害状況の把握

被害や障害等のセキュリティ・インシデントを検知したクラウドサービス事業者は、まず、被害状況を正確に把握し対処方針を策定する必要があります。

これらの事業者では、インシデントを検知した当事者からその経緯と時刻をヒアリングし、ログ等のデータを確認しつつ検知前後の情報を時系列で整理します。

また、当該当事者が検知後に何らかの処置・アクションを実施した場合等は、その操作内容がフォレンジック調査や捜査に影響する可能性もありますので、内容を併せて整理しておくことが必要となります。

また、そのインシデントに明らかにクラウドが関係している場合には、状況調査の段階から、クラウドに関する技術的知見を持つ人も交えて情報を確認することで、より正確な状況整理が可能となります。

認知段階において、インシデントにクラウドが関係しているかどうかが不明の場合、例えば情報漏洩（流出）等が発生した場合には、当該データがオンプレミスのシステムから流出したのか、あるいは従業員の使用する端末からなのか、それとも保存していたクラウドから流出したのか、ということを把握するための詳細な調査が必要となりますが、「情報流出」が判明した時点で、警察等への連絡を行うことが適当です。

状況整理が一段落した際には、それから想定される被害の大きさ・影響範囲を想定するとともに、対処体制・スケジュール等を検討します。

この時点で被害の大きさ・影響範囲を想定することは難しいのですが、サイバー攻撃に起因する被害の場合は、流行りの攻撃手法によることも多く、各種セキュリティ機関が提供している情報が参考となる場合もあります。

[セキュリティ機関が提供している情報サイトのURL]

●IPA（情報処理推進機構）セキュリティセンター
- ［IPA公式サイト］（https://www.ipa.go.jp/security/）
- 日本国内の最新のサイバー攻撃情報や対策に関する情報が提供されています。脆弱性情報、セキュリティアラート、啓発資料などが定期的に更新されています。

●NISC（内閣サイバーセキュリティセンター）
- ［NISC公式サイト］（https://www.nisc.go.jp/）
- NISCは、日本政府のサイバーセキュリティ政策を担当しており、公式サイトに重要なセキュリティ情報や最新の脅威に関する情報が掲載されています。

●JPCERT/CC（Japan Computer Emergency Response Team Coordination Center）
- [JPCERT/CC公式サイト]（https://www.jpcert.or.jp/）
- サイバー攻撃に関する最新の情報、脆弱性情報、インシデントレポート、セキュリティ対策に関する資料などを提供しています。日本国内のCSIRT（Computer Security Incident Response Team）のハブ的存在です。

●US-CERT（United States Computer Emergency Readiness Team）
- [US-CERT公式サイト]（https://www.cisa.gov/）
- 米国政府のサイバーセキュリティ機関で、最新の脅威情報、セキュリティアドバイザリー、攻撃トレンドなどを公開しています。世界中の脅威に関する情報も提供されています。

●CVE（Common Vulnerabilities and Exposures）
- [CVE公式サイト]（https://cve.mitre.org/）
- 公開されている脆弱性情報のデータベースで、サイバー攻撃で利用される脆弱性情報がリストアップされています。各脆弱性に対する具体的な情報や修正方法についても記載があります。

●MITRE ATT&CK
- [MITRE ATT&CK公式サイト]（https://attack.mitre.org/）
- サイバー攻撃の手法、戦術、技術のマッピングを行ったデータベースで、攻撃者がどのようにシステムに侵入し、どのように活動するかについての詳細な情報が提供されています。脅威インテリジェンスの分野で非常に重要なリソースです。

ここで紹介したサイト以外にも、セキュリティ関係のニュースサイトや各種セキュリティベンダーのサイトも大変参考になると思います。

被害を把握した場合には、速やかに法執行機関に対して、的確かつ正確な情報を提供することが、捜査を進める上でも重要となりますが、法執行機関側も要領よく被害確認・事情聴取を行い、早期の復旧が行えるよう配慮する必要があります。

4.2.2 法執行機関の情報収集の際の留意

○「クラウド」の「ログ」を入手？

昔なら、サイバー攻撃を受けたり、マルウェアに感染した証拠を見つけようとしたりすると、まずは端末機器のOSのログ等を解析することからはじめたものです。

「クラウドでも同じようにすればよいのでは？」と思うかもしれませんし、「リモートアクセス」によりダウンロードすればよい、と思う人も多いのかもしれません。

確かにWebサーバ（オンプレ）のアクセスログ等を差し押さえるのであれば、Webサイト設置場所のサーバの中からログを抽出し、被疑者等の端末内のログと照合することも比較的容易でした。

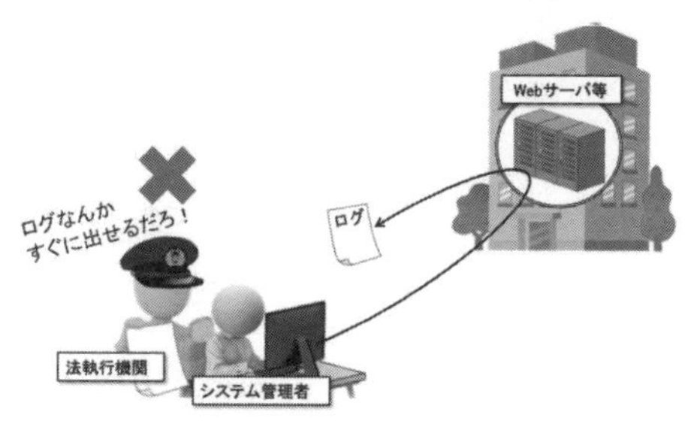

しかしながら、クラウドの場合には、端末側に全てのログが残されているとは限りません。

クラウド内だけでマルウェアの送受信を行うようなイベントについては、端末機器を監視したり、端末のログを見たりしても検知することはできません。かといって、遠く離れた「クラウド」に対して、リモートから証拠データやログを入手することは、**“隔靴掻痒（かっかそうよう）”**といいますか、大変面倒なものです。

○証拠データやログはクラウドサービス事業者に請求すればいい？

法執行機関が捜査上の必要性からクラウドのデータを入手しようとする際、刑事訴訟法219条2項の規定では、クラウド上のデータの範囲が差押許可状に記載されていなければならない、となっています。

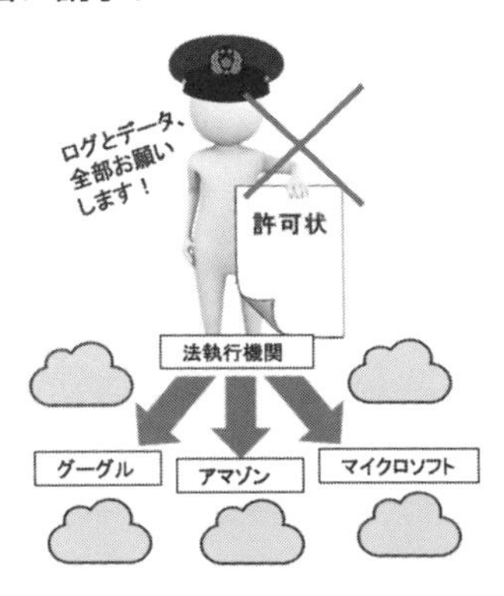

また“ログ”は膨大な量ですし、保存されている期間も、そう長いものではありません。

クラウドを利用する企業等がサイバー攻撃を受けたからといって、すぐに**AWSやAzureに全ての記録を請求すればいい**、というわけではないことに注意する必要があります。

また、例えばAWSやAzureのパブリッククラウドの環境を利用してWebサービスを提供する「サービス事業者」のサイトがダウンした場合、利用者としては**「とにかく早く復旧してほしい」**と願うばかりですが、サービス事業者の担当者としては、4.2.1で説明したように、まずAWSやAzure側に障害が発生しているのか、あるいはその事業者自身が構築したWebサイトに欠陥があるのかの「切り分け」を行い、復旧作業に着手する必要があります。

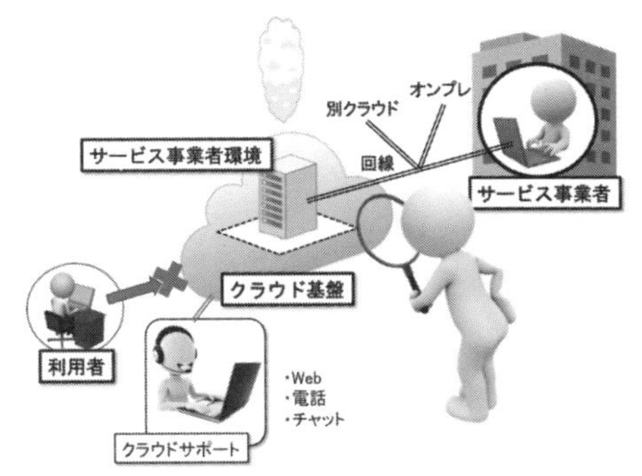

ログ等を見て、外部からのサイバー攻撃等の痕跡を発見した場合には、捜査機関等への通報の必要も生じますが、実際に通報されるまでに、結構な時間が経過している可能性があります。

このため、捜査機関側がサイバー攻撃等の情報を得た場合には、まず当該サービス事業者のデータやログの保全を図った上で、そのデータやログを精査することになります。

さらに「切り分け」により、AWS等の基盤側の環境に障害等の原因がある場合には、捜査に必要なログ等について、パブリッククラウドベンダーに対し請求することになります。

4.2.3 対処体制の構築

クラウドサービスを提供する事業者等では、障害等のインシデント発生に備え、利用しているクラウドやサービスに関する技術や知識を有する担当者をシステム管理者として採用したり、CSIRT（シーサート：Computer Security Incident Response Team）を構築したりすればいいのかもしれません。

SOC等で検知・分析した"異常"のデータに的確に対処することがCSIRTの任務ですが、どのように対処・オペレーションを行うのか、ということは事前に決めておく必要があります。

あるいはSOCやCSIRTが担う保守や監視、インシデント対応業務自体を外部の事業者にアウトソーシングしているかもしれません。これらを請け負うセキュリティベンダーも多数存在しています。この場合も、インシデント対応や業務の復旧・再開までには、複数の外部機関等との連携が必要となりますので、事前に各種連携先・報告先等を把握し、組織内等で周知しておくことが問題解決に向けた近道となります。

捜査機関等における対処体制はどうすればよいのでしょうか？

実際にクラウドが関係する事故、犯罪等が発生した場合に、その調査や捜査を実施する際には、被害に遭ったサイトのシステム管理者から状況に関する情報を収集し、原因や被害状況を把握する必要がありますが、捜

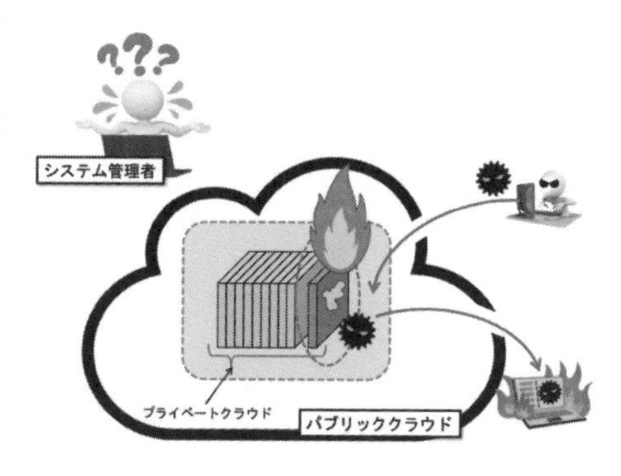

査担当としては、そのシステム管理者から正確な情報を聞き出せるための基礎的な技術力も必要となります。

被害サイトが、管理・運用等の業務を外部にアウトソーシング（任せきり）していて、かつ、管理担当者自身の技量や知識が不十分だった場合には、事情聴取がはかどらないことも昔から多くあります。

そのような場合には、システム管理者等の協力を得つつ、捜査担当官自身がログ解析等に当たらざるを得ないことがあるかもしれません。

しかしながら、パブリッククラウドベンダーごとに内容や名称が異なる膨大なサービスについて、全てを理解し操作をマスターすることは不可能です。これらの様々なサービス・技術は一人で修得できるものではありません。

これも昔話ですが、パソコンの普及期に、端末やサーバ機器の捜査・解析担当官として、Windows OSやマッキントッシュ、Windows NT、UNIX（Linux/FreeBSD　等）ごとに、それぞれ堪能な技術者を育成しました。

クラウド捜査に際しても、それぞれAWSやGoogle Cloud、Azure等に詳しい担当者を確保しておきたいものです。

4.2.4 インシデント情報の入手

「クラウド障害」によりサービスが利用できなくなった場合、その利用者は直接「クラウドサービス事業者」に連絡するかもしれませんが、SNSに書き込んだりすることもあるでしょうし、警察等の機関に通報するかもしれません。

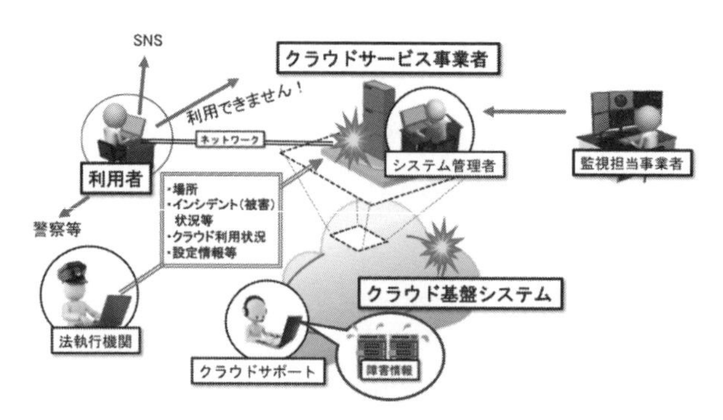

サービスの監視業務を受託している事業者があれば、その事業者から通知されるようになっているでしょう。

いずれにせよ、障害を検知したクラウドサービス事業者の「システム管理者」は、その障害箇所がどこなのか？を調べなければなりません。

AWSやAzure等のパブリッククラウドの基盤を利用してサービスを提供している場合、これらの基盤のネットワーク機器や電源・空調システムの障害が発生したことによる障害なのか、自らが構築したOSやアプリ等の障害やこれらに対する攻撃によりサービスが停止しているのか、ということを最初に切り分けることが必要です。

クラウドの基盤等の障害であれば、広範囲のサービス停止等も発生しますので、ニュースサイト、マスメディアでも取り上げられているかもしれません。

このような障害が発生した場合、それぞれのパブリッククラウド事業者のサイトやSNSに状況が記載されていることも多いので、まずチェックします。

パブリッククラウド事業者	障害情報	X（旧Twitter）
Amazon AWS	AWS Health Dashboard (https://health.aws.amazon.com/health/status)	@awsstatusjp_all
Microsoft Azure	Azure広域情報 (https://azure.status.microsoft/ja-jp/status) Azure Service Health (https://portal.azure.com/#blade/Microsoft_Azure_Health/AzureHealthBrowseBlade/serviceIssues)	@azurestatusjp_a
Google Cloud	Google Cloud Service Health (https://status.cloud.google.com/?hl=ja)	@gcpstatusjp

これ以外にも“非公式”とする情報サイト等に障害状況が掲載されている場合がありますので、要チェックです。

4.2.5 インシデント内容の把握

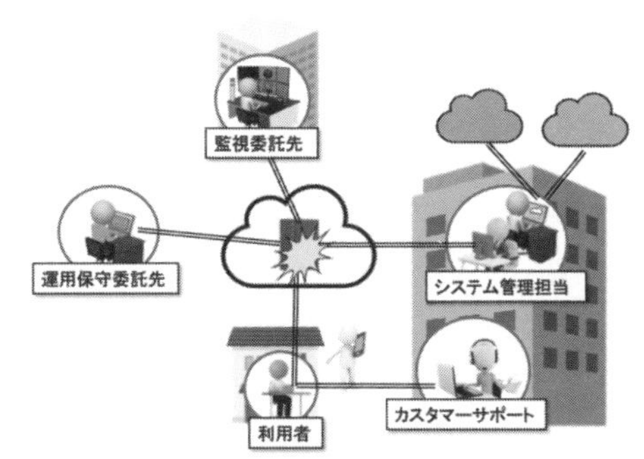

オンプレシステムの場合には、システム管理者がインシデントの発生に備え、インシデントの可能性が高いイベント等が発生した際のアラーム設定を事前に行っておき、実際にそのアラーム通知が行われたならばマニュアルどおりの初動対応を行う、というプロセスが多かったかもしれません。

しかしながら、他人が用意したクラウドのシステムやサービスを利用し、その保守や運用管理も他人に任せている、というのが「クラウド」を使用している場合には、ごく普通に行われています。

例えば、クラウド上にWebサイト／ECサイトを構築している場合（AWSならサーバをEC2、負荷分散をApplication Load Balancer、ストレージをAmazon EBS、データベースはAmazon RDS等のサービスを用いているかもしれません。）に、当該Webサイト／ECサイトが利用できなくなった、ということは誰が検知するのでしょうか？

オンプレシステムの場合と同様、そのWeb／ECサービスを提供している事業者のシステム管理者が検知する場合があるかもしれませんし、サイトの利用者から事業者のカスタマーサポートサービス担当に連絡される、ということもあるでしょう。

また運用保守やサイトの監視業務を外部に委託している場合には、これらの事業者から通知されることがあるかもしれません。

このように複数ルートで障害状況に陥っていることが事業者の担当部署に通知された場合、その受理体制の確立や受理内容のとりまとめ、時系列表示等、事案対応活動が必要なのかどうかの判断、以降どのような対応・措置をとるべきなのか、ということを迅速に決定し、対処することが求められます。

4.3 調査対象の選定

4.3.1 迅速な被害状況の把握

具体的なインシデント発生経緯や被害状況の確認を実施する際、調査対象の選定や優先順位付けにも注意する必要があります。

調査対象としては、インシデントが検知されたクラウドサービスだけでなく、当該サービスと連携するシステムにも注意する必要があります。

例えば、あるSaaSのサービスにおいて情報漏洩が発生した場合、当該SaaSのWebアプリ自体が攻撃されたのか、それを管理している端末装置が攻撃を受けたのか、さらにはそのSaaS利用者のPCやスマホがマルウェア感染した等の事由により情報の流出が発生した可能性もあり得ます。

多様なシステムや機器を調査することで正確な状況把握が可能となるかもしれませんが、調査に要する時間も長くなりコストも増大します。

調査中にも被害拡大が進行する可能性があります。

事前にクラウドのシステム構成や利用方法等が把握できていることで、迅速な調査（捜査）が可能となります。

以下、調査対象を検討する際に知っておきたいクラウドのシステムや特徴について簡単に示します。

4.3.2 インシデント発生箇所・原因の特定

クラウド基盤システムに障害がなければ、クラウドサービス事業者のシステムやサービス、ネットワーク等に障害が発生しているわけですので、発生箇所を特定するための探索活動が必要となります。

サービス提供開始前に十分なリスクの洗い出しと日々対策を確実に行っていれば、そもそも障害が発生したり、攻撃を受けることもないのかもしれませんが、過去に発生した事案でも、サービスのセキュリティ対策が不十分なのではないかと思うことも結構あったと記憶しています。

本書は、障害対応やセキュリティ対策に踏み込んだ説明を行うことが主旨ではありませんが、システム構築の際に十分な準備を行うことを心がけていただきたいと思います。

例えば、クラウドサービスを利用する際にも、負荷分散やバックアップ対策等は重要なセキュリティ対応ですが、これらの対策を十分に行った場合でも、その切替器等が障害となってサービス全体が稼働停止する、という事例も生じています。クラウドではシステムを仮想化して運用していますので、同一ホスト（ハードウェア）上に稼働系（現用システム）と待機系（バックアップ）等を配置した際には、そのホストの機器障害でサービスは共倒れとなってしまいます。

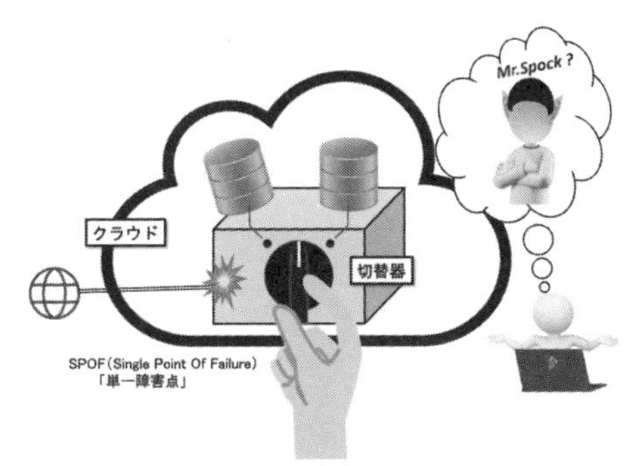

空調システムや電源、回線（ネットワーク）等でも、システムの切替が必要な場合は必ずありますので、このような機器が**SPOF（Single Point Of Failure：単一障害点）**とならないようなシステムの構成をお願いしたいものですが、このような機器構成となっている、ということは簡単に分かりますので、障害箇所の特定の際にも留意したいものです。

4.3.3 証拠データやログはどこにあるのか？

外部からサイバー攻撃等が行われる場合も、障害が発生した場合と同様、システムが正常な動作を行えないような状況に陥り、サービスが停止する場合もあります。

しかしながら、サービス機能としては正常に動作しているように見えながら、実はデータ等が搾取されていた、という最悪の事態が密かに進行していることも想定しなければなりません。

平素のセキュリティ対策だけでなく、監視サービスの活用等も不可欠となりますが、このような場合には、「不適切な設定」等、サービス全体を見渡して、どのように攻撃を受けたのか、ということを解明する必要があります。

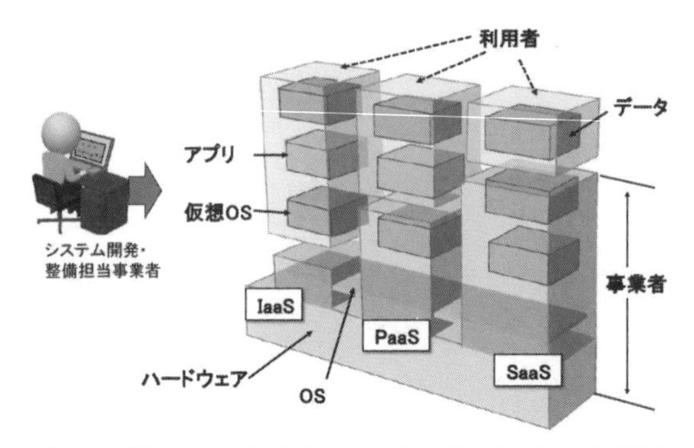

クラウドの場合、第2章でも上記のような図を描いて説明していますが、SaaSやIaaS等、利用するサービスの形態ごとに着目するポイントも異なりますので、いくつか留意点について説明いたします。

○IaaSのシステム

昔は、自社内にサーバを設置（オンプレ）するか、「データセンター」にサーバ機器を構築（ハウジング）するか、「データセンター」の機器等をレンタルしてサーバを開設（ホスティング）していたものですが、現在では、多くの企業等がクラウド上にシステムを構築するようになってきています。

パブリッククラウドにWebサーバを構築する、といっても自社でシステム構築を行っている企業はほとんどありませんので、外部の開発事業者等に発注して構築してもらいます。

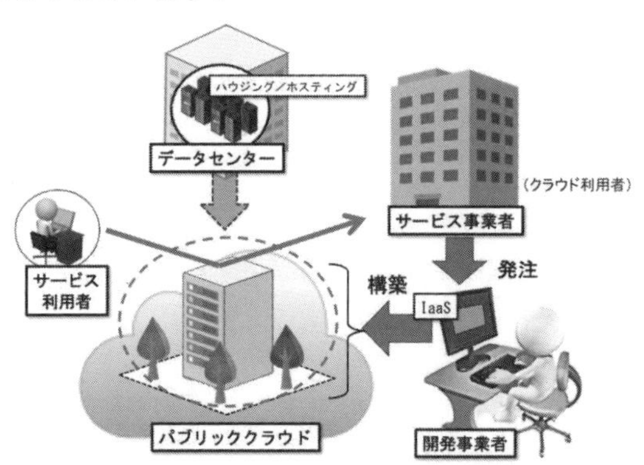

AWSならAmazon EC2（Elastic Compute Cloud）等を利用してWeb

サイトを構築する、というイメージです。

構築してもらったWebサイトを用いてサービスを提供するようになったこのような企業は、パブリッククラウドのユーザ（利用者）であっても、自ら「クラウドサービス」を展開する事業者なので、ECサイト等を運営する場合には、顧客のデータ管理やサイトの運営責務は、この企業にあります。

このサイトが攻撃を受け、顧客情報が流出したような場合には、データ保護の責任を有するこの企業からログ等のデータを入手する必要があるのですが、自らシステム構築を行うこともシステム監視も行っていない企業の場合には、これらの業務を受託した企業の担当者から事情を聴取することなども必要となります。

○SaaSのシステム

SaaSの代表的な例としてよく紹介されるMicrosoft 365（オフィス）やGmail（Webメール）は、MicrosoftやGoogle自身がシステムを構築し、サービスを提供しているもので、オフィスやGmailを利用する人々や企業がユーザ（利用者）になります。

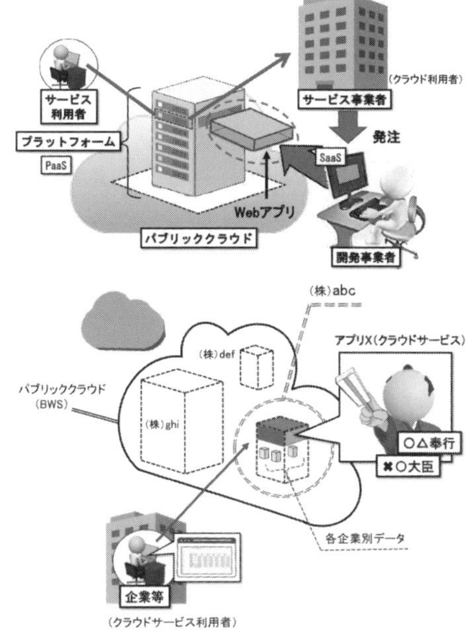

DropboxやGoogleDrive、OneDrive等のストレージ、様々なWeb会議システムやグループウェア等もSaaSの例として取り上げられています。

AWS等パブリッククラウドをプラットフォームとして利用し、Webアプリを開発して様々なサービスを展開している企業も多く、ASP（Application Service Provider）と呼ばれることも多いようです。

これらの事業者は、企業や個人等に、会計ソフト等を提供するだけでなく、企業や個人のデータ等も預かる形を取ることも多いことから、このようなサイトへの攻撃が行われた場合には、そのクラウドサービスを提供する事業者のログやデータを用いて、犯行経過等を明らかにする必要があります。

障害や被害の状況を把握するためには、まずどのようなサービスをクラウド上で提供していたのか、あるいはどのようなクラウドサービスを利用していたのか等について、詳細な情報を得る必要があります。

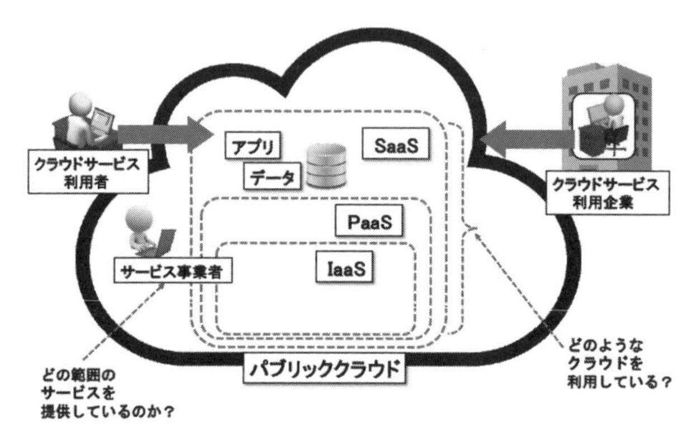

今後も、クラウドを用いたサービスが多様化し利用者も増加していくと、正規のサイトを模倣したクラウドサービスやログインした利用者の個人情報を搾取するサイト等、悪質なものが増加するとみられますので、これらの事業者の情報等を鵜呑みにしないようにも注意する必要があります。

いずれにせよ、AWSやAzure等、クラウド基盤を提供する事業者に要請すれば､全ての証拠データやログが得られる、とは思わないようにする必要があります。

○コンテナ、サーバーレス等のサービス

IaaSやPaaSだけでなく、稼働環境まで含めてコンテナとして提供されている**CaaS（Containers as a Service）**が利用されることも多くなってきました。

事案等の内容によっては、その事業者が利用しているパブリッククラウドのアカウント処理やログ管理のためのサービスの種類を聴取し、必要なデータの保全も必要となります（Dockerコンテナのログを抽出する場合は**“docker**

logsコマンド"を使用します。)。

またクラウドでは仮想マシン（VM）上でシステムやアプリが稼働していますので、被害発生時等、ある時点でのファイルやディレクトリ、データベース等の状態を保存（証拠保全）するためにはスナップショットの取得も必要となります。

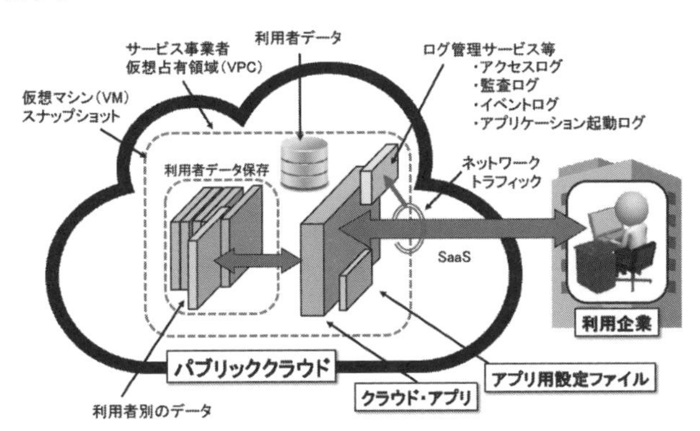

データセンターやIaaSを利用したサービスが攻撃を受けたり、データが流出したりするような事案では、その開発・整備したアプリの脆弱性の有無が問題となることもあり、アプリそのものだけでなく設定情報や各種ログ等の取得も必要となります。

このような事業者がアプリケーション開発に必要な環境を提供するクラウド（**FaaS(Function as a Service)**）を利用して開発した場合は、そのクラウド事業者に対する対応も必要になるかもしれません（反対にOS情報やWeb閲覧、USB接続、ファイル閲覧の履歴やイベントログをクラウド上から取得・監視するフォレンジックサービスを提供するFaaSもあります。）。

4.3.4 「リモートアクセス」による情報収集

明らかにサイバー攻撃やサイバーテロ等、犯罪行為の蓋然性が高い場合、データやログの管理を行う事業者に対しては、捜索差押許可状を請求するなど、法執行機関として必要な手続を行い、証拠等の保全を行うことになりま

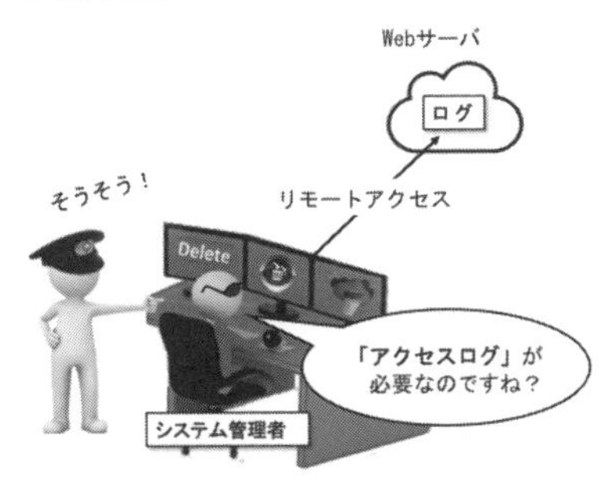

す。

当該サイトのシステム管理者等に要請し、必要な情報を入手し、証拠保全を行うための作業を行う際、悪質事業者等のシステム管理者等が、システム内のデータの隠滅を図るなど、不適切な操作を行おうとすることも想定されますので、コマンド操作等を実施する際には留意する必要があります。

刑訴法に規定されている**「リモートアクセスによる複写の処分」**でクラウドのデータをダウンロードする際も、クラウドの中のシステムやデータの状況を十分把握し、適切な範囲の情報データをダウンロードするようにしなければなりません。

被害サイト等のシステム管理者が、要請した作業に対応できない場合、サービスや業務の継続を図りつつ、捜査官自身が情報収集等を行える環境があるかなどを検討し、速やかに証拠データ等の保全に努めていただきたいと思います。

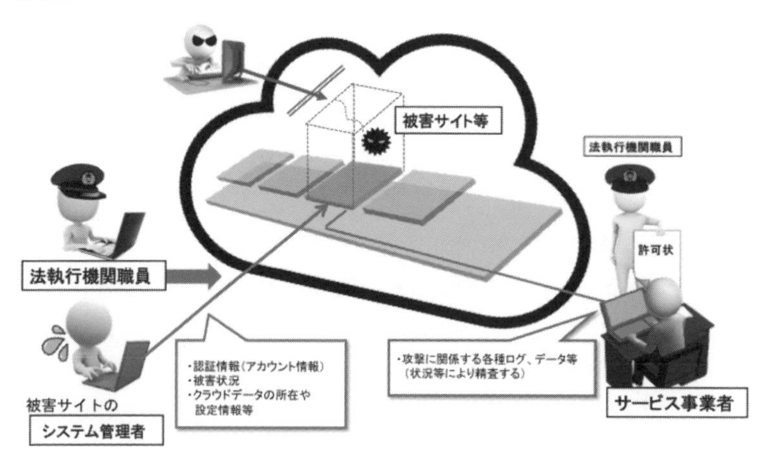

端末の証拠データが消去された！

Webメール等、ブラウザを利用してクラウド上で送受信を行う場合には、スマートフォンやパソコンの中に保存したメールデータ等を削除しても、

クラウド上には残っている可能性があります。

クラウドにおける犯罪行為の履歴や証拠データを検出するためには、クラウドのサービスの状況に関するログを精査し、クラウドを利用するアカウント間のデータ移動に関するログを解析する必要があります。

例えば、AWSの場合、AWS CloudTrailを用いれば、アカウントが実行したアクションやイベント、リソースの操作（APIコールも含まれます。）に関するログ（証跡:Trail）を分析することにより、どのユーザが不適切な操作を行ったのか、ということを検出することができます。

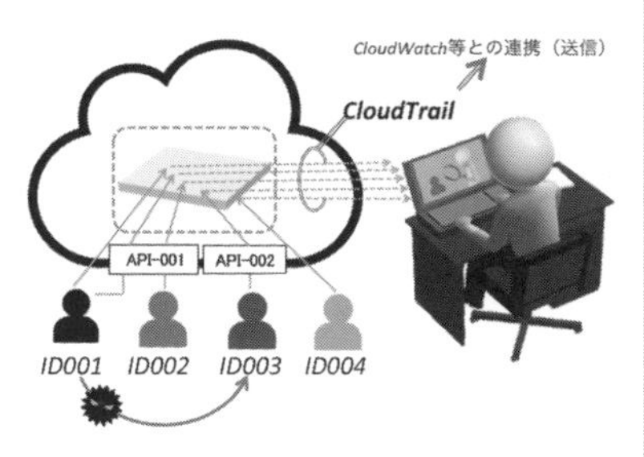

CloudWatch logs（ログ監視サービス）にCloudTrailのデータを取り込む（“流し込む”）ことにより、特定のアクティビティが発生した場合に通知を受信するなどの設定も行えますので、連携状況の確認も必要です。

CloudWatchはAWSのリソースとアプリケーションを監視するためのサービスで、監視しているログやイベントからアラームを作成すること等が可能です。

AWSでネットワークを監視する、といった場合には、**VPC Flow-logs（フローログ）**サービスが用いられ、この場合もキャプチャーしたトラフィックを**Cloud-Watch logs**に保存して分析する、等の利用が行われます。

以上は、AWSの場合ですが、Google Cloudの場合は**Cloud Audit logs**（監査ログ）、Microsoft Azureでは**Azure Activity logs**等とそれぞれ関係するサービスのログが多々ありますので、相互の連携や機能等について知る必要があります。

4.4 捜査のための情報収集と状況判断

クラウドサービスに障害が発生したり、そのクラウド事業者のシステムがサイバー攻撃を受けた、という事態が発生したりすると、そのサービスを提供する企業だけでなく、サービスを利用する企業や個人等との対応も必要となり、現場が混乱する状況も発生します。サイバー攻撃を受けた場合には、そのサービスを提供している企業だけが「被害者」となるのではなく、そのサービスを利用する個人の情報が奪取されて悪用される等の状況が発生することが懸念されますので、迅速に被害状況を把握する必要があります。

4.4.1 クラウド利用方法等の把握

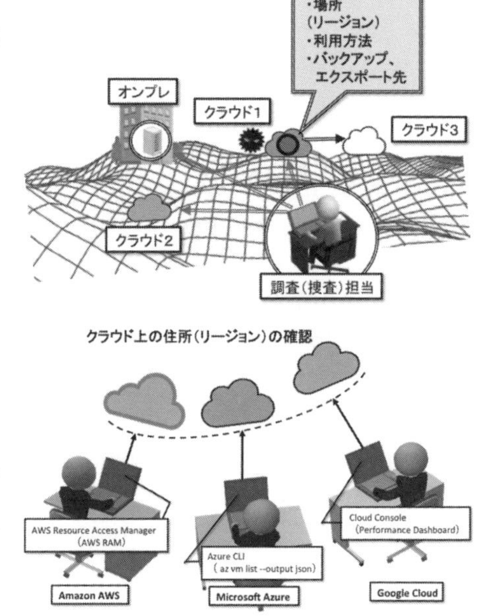

クラウド関係の障害や攻撃等に関しては、その障害や被害等が発生した場所や、利用方法、データの所在場所等を明確にする必要があります。

(ⅰ)場所(リージョン)

クラウドの“リージョン”に関しては、2.3.2で説明したとおり、各パブリッククラウドでの操作方法は異なりますが、AWSの場合にはAWS Resource Access Manager(AWS RAM)、Microsoft Azureの場合にはAzure CLI、Google Cloudの場合にはCloud Console(Performance Dashboard)を用いて確認を行うことになります。

課金情報等からの確認も可能です(AWSならばBilling and Cost

Management コンソールから。)。

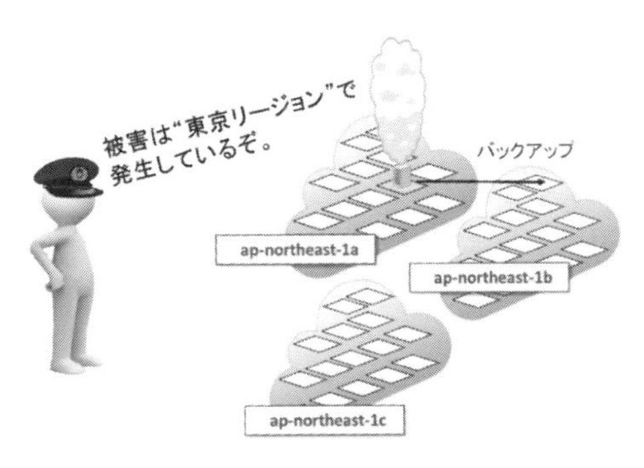

クラウドだから海外にデータが置かれているのでは？と思うかもしれませんが、レスポンスの関係等により、主として日本をターゲットとして提供されているサービスの場合には、ほとんど国内のデータセンターのサーバ等を利用しています。

(ii) 利用方法

クラウドの種類が多いことは既に説明しましたが、利用方法も様々です。

同じ「パブリッククラウド」の利用者、といってもその企業や工場、支社間を結ぶ**ERP（Enterprise Resources Planning：基幹系の業務システム、ビジネスプロセス管理）**や社内のメール送受、ファイル共有システムに用いられるもの等、企業内にクローズしたシステムの利用なのか、パブリッククラウドから仮想空間を借りてWebサイト等を構築し、利用者からの製品購入やサービス契約申込みに利用しているのか、様々な利用が行われていますし､実際に複数のクラウドサービスを利用している企業等も増加しています。

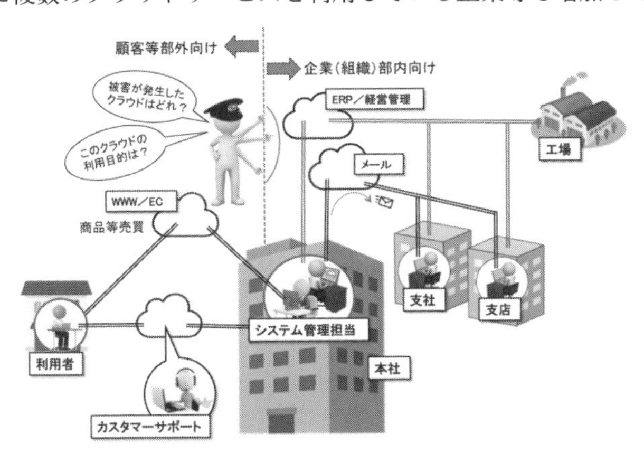

どのクラウドを何のために使用しているのか？　どのクラウドのシステムがダウンしているのか？　あるいは攻撃を受けているのか？など、被害状況

を把握するためにも、利用状況の把握は不可欠です。

(iii) サービス利用形態

クラウドサービスを利用してWebサイト／ECサイトを構築することができる、ということは、4.3で説明していますが、これもパブリッククラウドにより構築方法等は異なっています。

クラウドでは、AWSならEC2、Google CloudならCompute Engine、Microsoft AzureならVirtual Machines（VM）上にインストール・構築することを、**“デプロイ”**と呼んでいます。

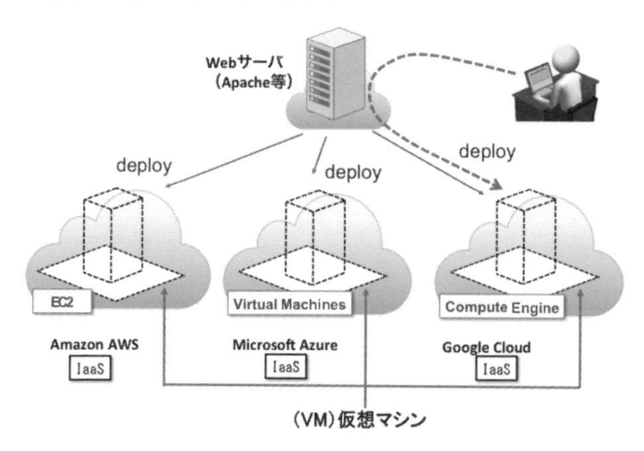

Webサーバのインストールはともかく、Webサーバ上で稼働するWebアプリだけを“デプロイ”して利用したい、という場合は、AWS等はPaaSとしての位置付けとなり、AWSではElastic Beanstalk、MicrosoftのAzureではAzure App Service、Google CloudではApp Engineで、Webアプリケーションを

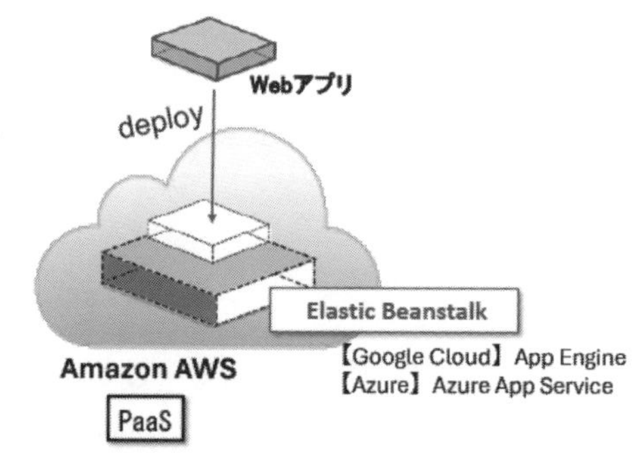

デプロイして利用することになります。

このように、例えばAWSの場合、**「EC2を利用している」**ということは「IaaSとして利用」していることを表し、**「Elastic Beanstalkを利用している」**というと「PaaSとして利用」していることが分かります。

(iv) 契約等

上記では、Webサーバを構築する、という例を取り上げましたが、実際には、Webサーバ機能を構築・提供可能なサービスだけでなく、負荷分散機能やデータベース機能等のサービスを利用しています。

また、稼働状況に応じてサーバ容量を増加させたり、異常動作を検出した際のアラームを行う管理用のサービスも利用したりしているかもしれません。

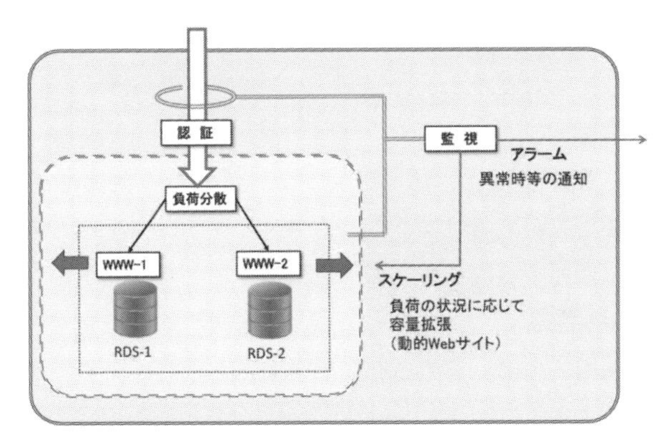

企業の従業員限定サイト等では、認証機能も不可欠です。

これらの利用状況を把握し、データやログの所在も確認する必要があります。

例えばアマゾンAWSのEC2を利用してブログサイトを立ち上げようと思い立てば、OSやWordPress、ロードバランサ、DNS等の機能と固定IPアドレス等設定用データも必要となり、アマゾン社への申込み(契約)が必要です。Elastic Beanstalkでも、WordPress等のCMSを利用する際にはPHP等も用意する必要があります。

この場合も、アマゾンが提供するパッケージ形式の**VPS(仮想プライベートサーバ)**である**Amazon Lightsail**を契約すれば、簡易的ではありますがWebサーバのNginx等と並んでWordPressやロードバランサ、スナップショット機能等も選択して利用できるようになっています。

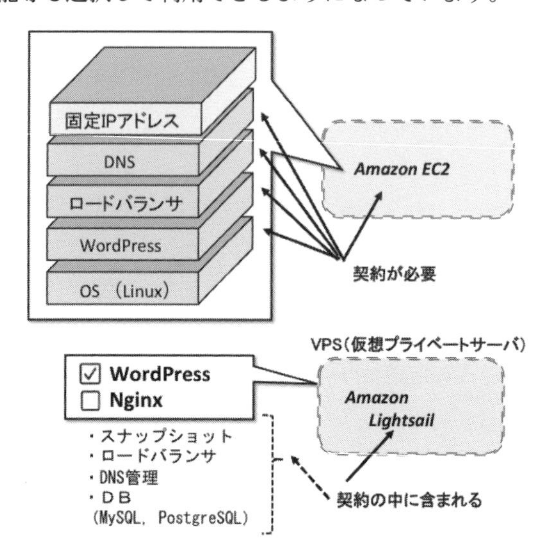

このように、EC2やLightsailとは何か？　これらの機能はどのようなものなのか？等を把握しておけば、これらのデータやログを抽出することをシステム管理者に依頼する際にもスムーズに運ぶことが可能かもしれません。

(v) データの移動先

クラウドの利用料金は、その占有領域等が多くなればなるほど、その課金がかさんでいきます。

障害や攻撃を受けた際には、バックアップしていたデータから復旧(復元)を行うなど、エクスポート／インポート作業は不可欠です。

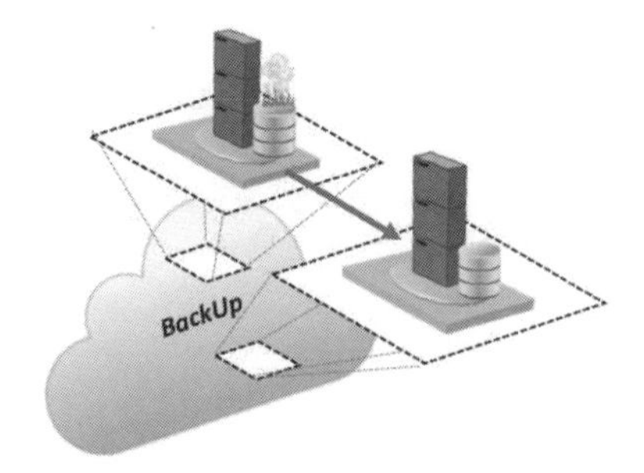

また、“ログ”等、各種の履歴を管理することは、障害発生時だけでなく、訴訟対応やシステム改良のためにも不可欠ですが、細かな設定を行っていたり、利用等が多くなったりすれば、データ量、ひいては課金も高額なものとなっていきます。

例えばアマゾンの**CloudTrail**（証跡記録管理サービス）では、約5分間に1度ログを発行するようになっています。

そのログの保存期間も種類に応じて30～180日程度に設定することが可能となっていますが、**「経費節約のため保存しない」**という設定にしている人（企業）がいるかもしれません。

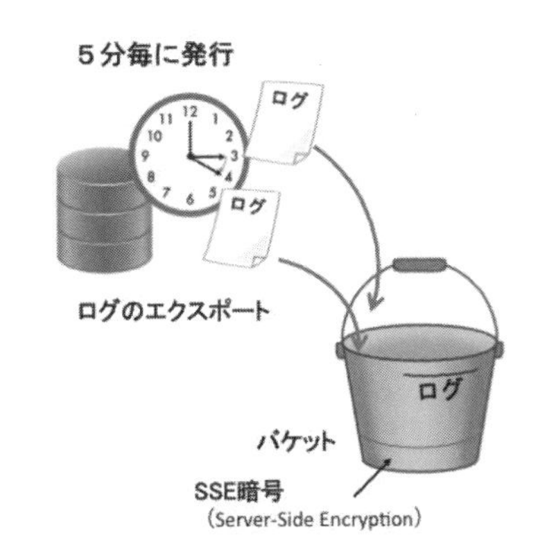

この保存場所もデフォルトで決まっているものもあれば、自分で変更して設定することが可能な場合もありますので、その保存先（エクスポート先）を把握する必要があります。

クラウドの場合には、バックアップデータやログデータ等は別のリージョン、ゾーン等に転送して保存しているかもしれませんし、当該ログデータを用いてシステム監視やセキュリティ管理業務等で用いているかもしれません。

例えばAWS CloudTrailのログは、同じAWSのCloudWatchで監視できるだけでなく、Datadog等のサーバ監視・分析サービス（クラウド）にデータを送信（**エクスポート**）して監視業務に用いているかもしれませんので、これらの契約状況の把握も必要です（反対に、これらの監視分析サービスの利用によりセキュリティ・インシデントを検出して法執行機関に通知する、という手順を踏んでいる場合もあるので、インシデント検知の経緯も含めて聴取することが適当です。）。

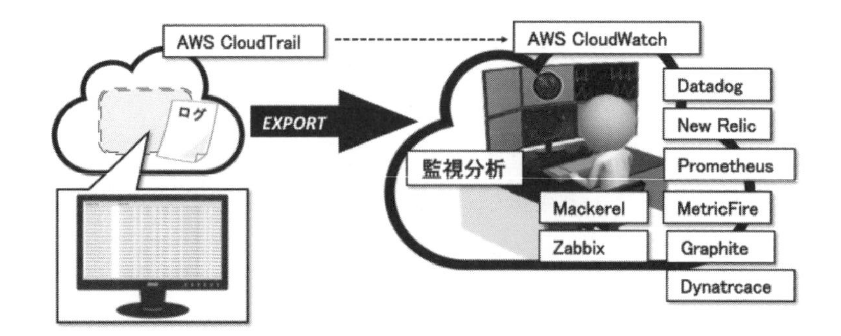

(vi) アカウント情報

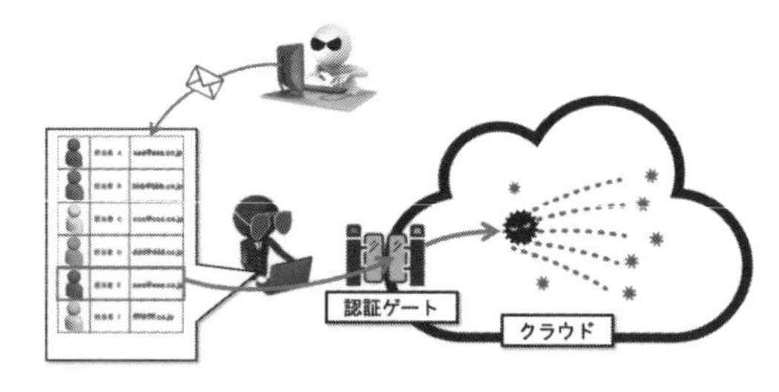

クラウドでは、認証関係の防御が破られることがシステム全体のセキュリティ侵害に直結していますので、ユーザの利用権限だけでなく、インスタンス等の稼働に関する認証経過や認証情報管理も含めて精査することが必要となります。

「盗まれたアカウントを悪用された」とか**「流出したIDが……」**等、サイバー攻撃が他人の「ユーザアカウント」を用いて行われる、というイメージを持つ人が多いかもしれません。

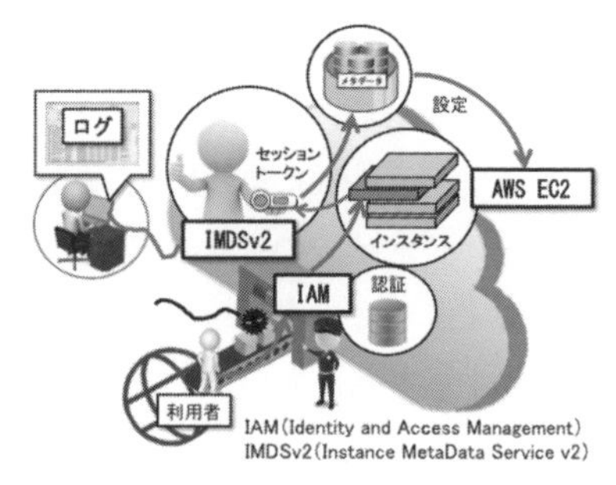

AWS等の**IAM（Identity and Access Management）**の利用状況で、ユーザIDの利用状況を分析することは重要ですが、プログラム（インスタンス）の一時的な操作権限を付与する認証情報（セッションキー（トークン）、シークレットキー等）を付与する仕組み（**IMDS（Instance Metadata Service）**）もあることに留意する必要があります。

AWSの**STS(Security Token Service)**等を用いると、サービスに関係する設定情報（メタデータ等）を変更したり、別アカウントへの切替えを行ったりする（**スイッチロール（AssumeRole）**）ことも可能となりますので、クラウドに対する不正アクセス事案等の場合、このような一時的な認証情報をAPIから呼び出して悪用するようなセッションの乗っ取り（**セッションハイジャック**）や**SSRF（Server Side Request Forgery）攻撃**が行われていないか等のチェックも必要かもしれません（AWSの**IMDS Packet Analyzer**サービスを利用してIMDSの利用状況をログ保存している場合には、この記録のチェックも必要）。

○アクセス管理の仕組み（参考）

3.2.5でIAMに関する説明を行っていますが、クラウドに対するアクセスを適切に管理する仕組みは重要かつ複雑なものとなっています。

AWSやGoogle CloudのIAMでは“プリンシパル”、Azureでは“セキュリティプリンシパル”や“サービスプリンシパル”等、“重要”であることを明示したネーミングのサービスに注意する必要があります。AWSのプリンシパルもIDベースのものやリソースベースのポリシー等、着眼点に応じてアタッチ（適用）するものが異なります。

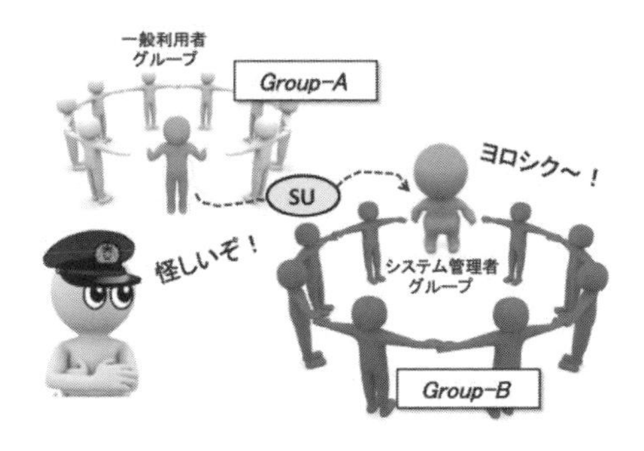

基本的には、誰（ID）が、どのようなグループに属しているのか、あるいは各種のリソースに対して、どのようなアクセス権（ロール）を持たせるのか、ということを定義して、アクセス制御を行うための仕組みです。

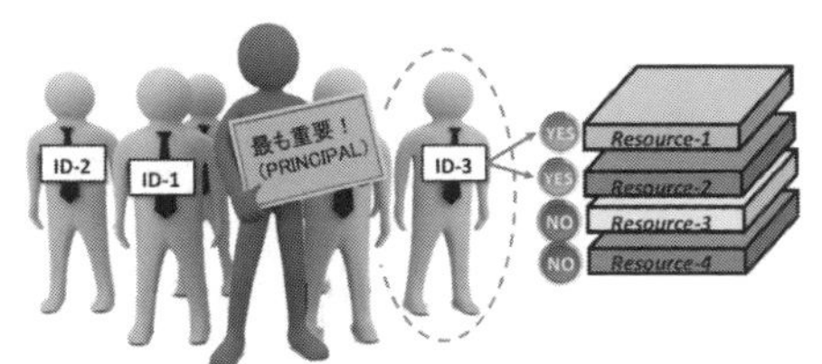

例えば、AWSでは、ユーザのアクセス管理を行うためには、そのユーザが、どのサービス、リソースに対して、どのような操作が可能（allow）か、あるいはその操作が不許可（deny）なのか、ということを定義したポリシーを作成し、そのユーザIDにアタッチ（適用）します。

このポリシーは後で説明するように**JSON（JavaScript Object Notation）**形式で記述されていますので、フォレンジックの際にはJSONに関する知識も必要となります。

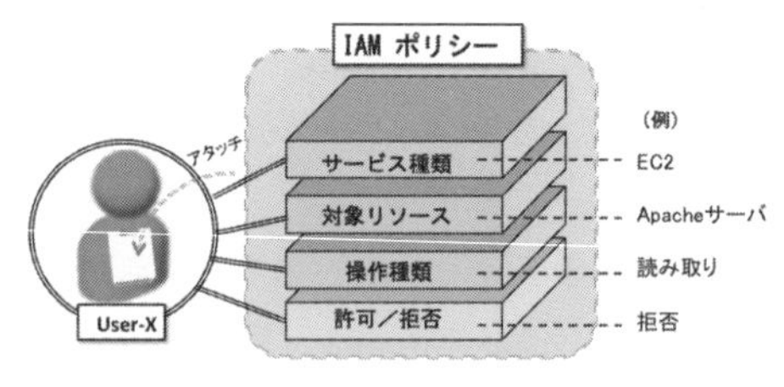

ユーザは、許可対象のリソースに対して許可された操作を実行することができますが、これがポリシーに定義されたものかどうか、ということをチェックした後でなければアクセスは許可されません。

AWSでは、次の図のようにユーザの操作権限に関して、アクセスレベルを次のように分類しています。

・List：サービス内リソースの一覧表示
・Write：リソースの作成、削除、変更
・Read：リソースの属性とコンテンツの読み取り
・Tagging：リソースタグの変更
・Permissions management：リソースに対するアクセス許可の付与または変更

ポリシーにおいては、これらの操作が全面的に可能（フルアクセス）なのか、このうちのいくつかのみ可能（Limited：制限）なのか、いずれの操作も認められない（None）のかが規定されます。

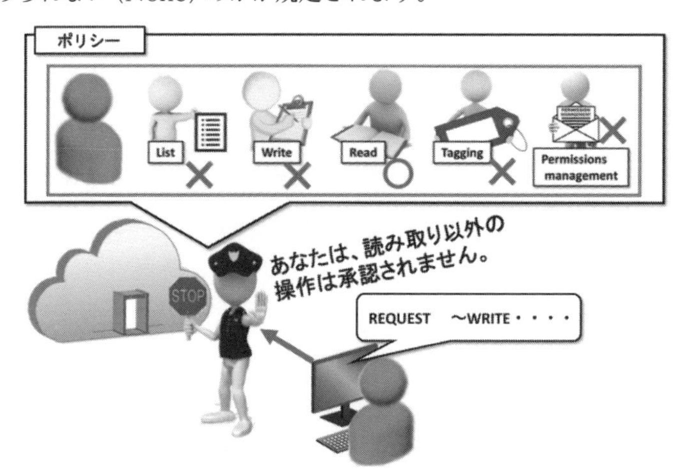

○"フェデレーション"

IDプロバイダー（IdP）等の連携（フェデレーション）により、一旦、IdP

で認証を受けたユーザの場合には、再度ユーザ認証を受けなくても、当該クラウドのリソースへのアクセスが可能となる、という仕組みにより、ログインせずにアクセスが行えるサービスもあります。

このような**シングルサインオン**(**SSO：Single Sign On**)を行うため、ID連携サービスとして、AWSでは**「フェデレーション」**、Google Cloudでは**「Workload Identity 連携」**、Azureの**「Active Directory フェデレーション サービス(AD FS)」**が利用されています。

このようなサービスでは、外部の IdPで認証された IDから渡されたIDトークンやチケット等の一時的な認証情報によりクラウド側がアクセス許可を与える、というものです。

このようなIDによる不正アクセス等のサイバー攻撃が発生した場合には、IdP等との信頼関係にひびが入ることになりますので、十分なチェックが必要となります。

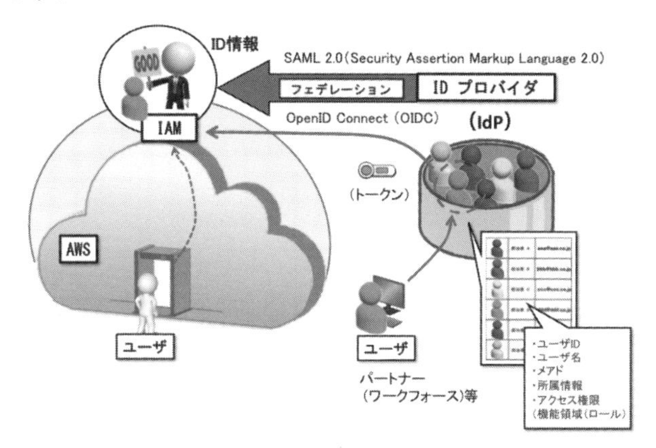

(vii) ログの取得

各アカウントの操作やイベント履歴、APIコール等の操作記録に関しては、基本的には、

・AWSの場合はCloudTrail、
・Azureの場合はアクティビティログ
・Google Cloudの場合はCloud Audit Logging（Logs）
に残されています。

このほかにも、様々な脅威検出、ユーザ保護等のセキュリティ関連サービスが利用されている場合もありますので、これらに残された記録も必要に応じて取得します。

例えばAWSの場合、既に説明しました**Amazon Inspector**（ワークロードの監視と脆弱性検知）や、**Amazon GuardDuty**（脅威アクティビティの検出：アマゾンのCNAPP）、**AWS Security Hub**（アマゾンのCSPMサービス）やCloudTrailのデータがエクスポートされたCloudWatchに残されたデータ等にも注意することが適当です。

ログの名称・デフォルト設定・保持期限例（2024年１月時点）

サービス名	ログ名	デフォルト設定	デフォルト保持期間
Microsoft 365	監査ログ	有効	180日
Microsoft Azure	アクティビティログ	有効	90日
	App Service ログ	無効	有効にする際、任意に設定
Microsoft Azure AD	監査ログ	有効	契約プランによる7日または30日
	サインイン ログ	有効	
Google Workspace	監査ログ	有効	6か月
Google Cloud	管理アクティビティ監査	有効	400日
	システムイベント監査	有効	容量ベース
	データアクセス監査	無効	有効にする際、任意に設定
	ポリシー拒否監査	有効	容量ベース
AWS	管理イベント	有効	90日間
	データイベント	無効	有効にする際、任意に設定
	Insights イベント	無効	有効にする際、任意に設定

参考URL：

(Microsoft 365) 監査ログの保持ポリシーを管理する：https://learn.microsoft.com/ja-jp/purview/audit-log-retention-policies

（Microsoft Azure）Azure Monitor アクティビティ ログ：https://learn.microsoft.com/ja-jp/azure/azure-monitor/essentials/activity-log?tabs=powershell#retention-period

（Microsoft Azure AD）Microsoft Entraのデータ保持：https://learn.microsoft.com/ja-jp/entra/identity/monitoring-health/reference-reports-data-retention

（Google Workspace）データの保持期間とタイムラグ - Google Workspace 管理者 ヘルプ：https://support.google.com/a/answer/7061566?hl=ja

（Google Cloud）Cloud Audit Logs の概要：https://cloud.google.com/logging/docs/audit?hl=ja

（AWS 管理イベント）データイベントをログ記録する：https://docs.aws.amazon.com/ja_jp/awscloudtrail/latest/userguide/logging-data-events-with-cloudtrail.html

（AWS データイベント）AWS CloudTrailのよくある質問：https://aws.amazon.com/jp/cloudtrail/faqs/

（AWS Insightイベント）証跡の Insights イベントのログ記録：https://docs.aws.amazon.com/ja_jp/awscloudtrail/latest/userguide/logging-insights-events-with-cloudtrail.html

このほかにも様々なログがあります。インシデント態様や利用サービスにより、必要なログを取得する必要があります。

- **AWS**

  CloudFront access logs, VPC Flow Logs, ELB logs, S3 bucket logs, Route 53 query logs, Amazon RDS logs, AWS WAF logs

- **Azure**

  Azure Resource logs, Azure Active Directory Logs and reports, Virtual machines and cloud services, Azure Storage logging, NSG flow logs, Application insight logs, Process data / security alerts

- **Google Cloud**

  Google Cloud platform logs, User-written logs, Component logs, Security logs, Multi-cloud and hybrid-cloud logs, Log entry structure,

View logs, Route logs

(viii) クラウド設定(変更)情報

AWS Config では、リソースの設定情報や変更時の情報と履歴を管理しています。アプリケーションの設定情報管理には、AWS AppConfig(AWS Systems Manager の機能)が利用されます。

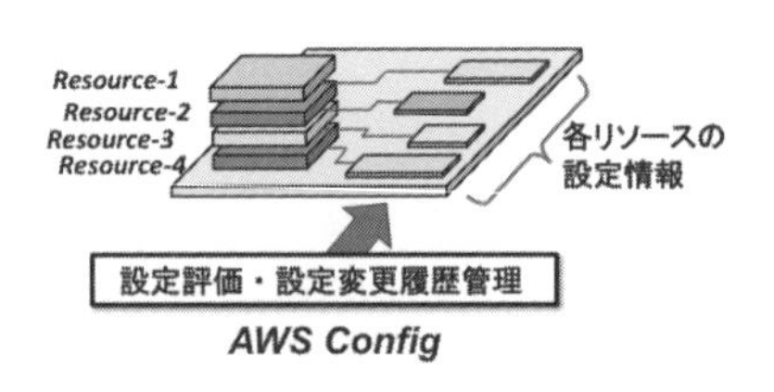

Azureのリソース管理にはAzure Resource Manager、アプリケーションの構成情報の一元管理にはApp Configurationが用いられます。Google Cloudでは**gcloud config**により設定変更等を行います。

(ix) シークレットキー等の情報

例えば上で説明したAWSのシークレットキー等は、**aws configureコマンド**を用いることにより、平文でローカル端末の ~/.aws/credentialsに保存されているのが見えますので、セキュリティを確保するために、**AWS-Vault**を用いて暗号化保存している場合もあります。

この場合、必要に応じてシステム管理者等に復号コマンドの入力を要求する必要があります。

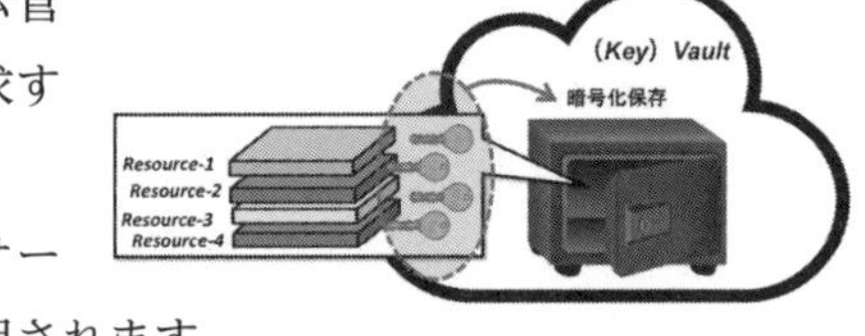

Azure Key Vaultもアプリやサービスが使用するキー等の管理に利用されます。

Google Cloudの場合には、キー管理には**Cloud Key Management Service(KMS)**ですが、クラウドの外部で利用する鍵マネージャーとして**Cloud EKM(External Key Manager)**も用意されています。

4.5 特定のアカウントに着目した調査

組織の不正行為や内部統制違反に関する調査や監査/監察実施等において既に調査対象職員・従業員やアカウント等が判明している場合、あるいは特定の被疑者を対象とした捜査を実施している場合で、当該被疑者のネット上での活動に関する情報を収集している場合には、種々のクラウドサービスの利用状況・履歴等についても調査する必要があります。

まずは、特定の対象者が利用するクラウドサービスを整理します。

企業等の事業体であれば、システム管理部門等にアカウント台帳等が整備されているかもしれません。

インターネットを介して部外との通信・会議等を行うことも増加していますし、業務自体がSaaSアプリ等を利用することも多くなっていますが、おおむね次のようなサービスに関して、利用アカウントをまとめます。

SNS等、個人でも利用することが多いサービスのアカウント使用状況は、企業等では把握できないことが多い（裏アカ、サブアカ等と呼ばれるマルチアカウント利用が常態化している）ので、民間の調査サービスが利用されたりします。

クラウドサービスのアカウントの例として次のようなものが挙げられます。

○コミュニケーション系（Webメール、SNS、Web会議システム等）
○データ共有系（クラウドストレージ、バージョン管理システム等）
○ビジネス系（勤怠管理システム、顧客管理システム等）

企業等で実際に調査する場合に、当該職員等からヒアリングベースで利用状況を聴取しようとすると、アカウント自体が削除されることにもなりかねませんので注意が必要です。

4.5.1 情報やファイルの共有サービス

MicrosoftのOneDrive/Office365やGoogleのGoogleDrive/Workspace、Dropbox等、クラウド上には様々な協業・協調、情報共有のための場やツールが提供されています。

個人の場合は無償で利用可能とするサービスも多いのですが、違法行為を行ったり違法情報を共有したりするために利用することを排除することは難しいので、実際に違反を認知し、捜査や監査の際に必要なデータを取得して証拠保全や解析を行わなければならない事態も増大しています。

フォレンジック用のツールの中にも、例えばEnCase Forensic等のようにSNSやクラウド上のデータ取得に対応したバージョンの製品群が登場しており、事案等の解明やデータ解析に用いられるようになってきています。

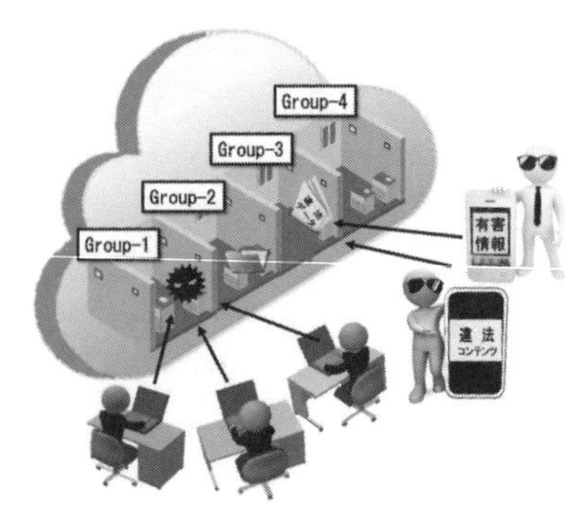

また、SNSの場合、ユーザのプライベートなメッセージのやり取り等､監査事案等との関係をよく検討した上で、データを取得する必要がありますし、チャットアプリのSlack等の場合には、プランによっては管理者権限であってもプライベートチャットの内容を取得することができない場合がありますので注意する必要があります。

4.6 データの改変・消滅に注意！

4.6.1 「訴訟ホールド(Litigation hold) 機能」の確認

米国の連邦民事訴訟規則の証拠開示手続（eDiscovery）等、欧米では、民事訴訟や司法調査に備えて、電子メール等の電子データの保存が指定期間可能となっているアプリやクラウドサービスが多く、国内でも輸出入関連業務等を担う企業やコンプライアンス遵守を重要視している組織等ではこの**「訴訟ホールド機能」**を「有効」にしていることも多いようです。

例えば、Microsoft Exchange Onlineでは、eDiscovery機能を有効にする（Exchange 管理センター（**EAC:Exchange Administration Center**）の機能による。）ことにより、従業員等のメールボックス内のメールデータや削除済みアイテム、アーカイブメール（受信トレイに表示させず別フォルダ内に保存）のデータまで保持できるようになっていることから、対象アカウント保有者が端末等のメールデータを削除しても、当該メールデータが保存されています。

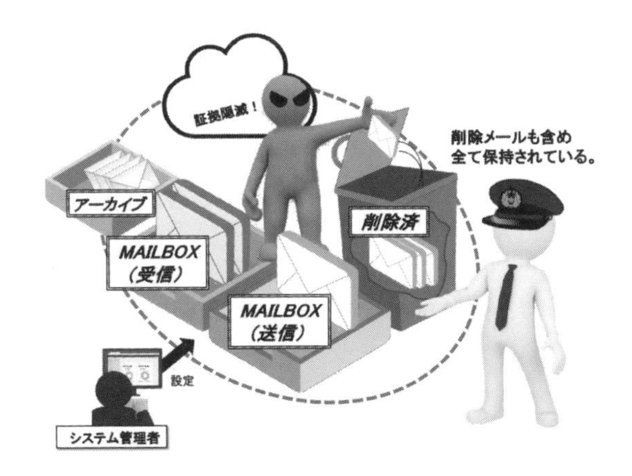

メールデータだけでなくWeb会議やアプリ等のデータも保存されているかもしれませんが、訴訟ホールド機能の設定には組織やユーザのライセンス要件等も関係するので、当該企業等のシステム管理者等から状況を調査することが適当です。

設定されていない場合でも、30日程度は保存されている可能性が高いので、諦めることなく聴取することをおすすめします。

GoogleのGmailを組織的に利用している場合も、**「記録保持（リティゲーション ホールド）機能」**を備えているため、確認するには、vault.google.comに管理者がログインして「デフォルトの保持ルール」が設定・保存されているかで判断します。

4.6.2 揮発性情報

クラウドではインスタンス停止等の状態変化により消失するデータがあることに注意する必要があります。

例えば、AWSでインスタンスの状態変化に伴い揮発する情報は次表のとおりです。

インスタンス休止によりRAMのデータは消去されますので、RAMのデータが調査対象の場合には、読み出して保存するなど、適切な保全作業を実施した後、インスタンスを停止する必要があります。

しかしながら、インスタンスが稼働し続けることによりマルウェアの感染被害が拡大し続けるようなインシデント（ランサムウェア等）の場合には、インスタンスの稼働停止を優先する、という判断が必要かもしれません。

表　インスタンスの状態変化に伴い揮発する情報

特徴	再起動	停止/開始(Amazon EBS-Backed インスタンスのみ)	休止(Amazon EBS-Backed インスタンスのみ)	終了
ホストコンピュータ	インスタンスは、同じホストコンピュータで保持される	インスタンスは新しいホストコンピュータに移動されます(ただし、場合によっては、インスタンスが現在のホストに残ることもあります)。	インスタンスは新しいホストコンピュータに移動されます(ただし、場合によっては、インスタンスが現在のホストに残ることもあります)。	なし
プライベート IPv4 アドレスとパブリック IPv4 アドレス	同一のまま保持される	インスタンスはプライベート IPv4 アドレスを保持します。インスタンスは、Elastic IP アドレス(停止/起動の際に変更されない)を持っていない限り、新しいパブリック IPv4 アドレスを取得します。	インスタンスはプライベート IPv4 アドレスを保持します。インスタンスは、Elastic IP アドレス(停止/起動の際に変更されない)を持っていない限り、新しいパブリック IPv4 アドレスを取得します。	なし
Elastic IP アドレス(IPv4)	Elastic IP アドレスは、インスタンスに関連付けられたまま維持される	Elastic IP アドレスは、インスタンスに関連付けられたまま維持される	Elastic IP アドレスは、インスタンスに関連付けられたまま維持される	Elastic IP アドレスはインスタンスの関連付けが解除される
IPv6 アドレス	インスタンスは、IPv6 アドレスを保持する	インスタンスは、IPv6 アドレスを保持する	インスタンスは、IPv6 アドレスを保持する	なし
インスタンスストアボリューム	データは保持される	データは消去される	データは消去される	データは消去される
ルートデバイスボリューム	ボリュームは保持される	ボリュームは保持される	ボリュームは保持される	ボリュームはデフォルトで削除される

RAM（メモリの内容）	RAMは消去される	RAMは消去される	RAMはルートボリュームにあるファイルに保存される	RAMは消去される
「請求」	インスタンスの課金時間は変更されません。	インスタンスの状態がstoppingに変わるとすぐに、そのインスタンスへの課金が停止されます。インスタンスがstopped状態からrunning状態に移行するたびに新しいインスタンスの課金時間が開始され、インスタンスの開始時には1分間の最低料金が発生します。	インスタンスがstopping状態にある間は課金されますが、そのインスタンスがstopped状態にある場合、課金は停止します。インスタンスがstopped状態からrunning状態に移行するたびに新しいインスタンスの課金時間が開始され、インスタンスの開始時には1分間の最低料金が発生します。	インスタンスの状態がshutting-downに変わるとすぐに、そのインスタンスに対して課金されなくなります。

引用：https://docs.aws.amazon.com/ja_jp/AWSEC2/latest/UserGuide/ec2-instance-lifecycle.html
※　インスタンスが停止する場合stopping（停止準備中）からstopped（停止）へと移行します。

4.6.3 スマホ端末等の破壊

携帯電話やタブレット、スマートフォンが登場して以降、証拠隠滅を図るため、端末機器の破壊はいつの時代も行われてきました。

この場合、かつては破壊された基板からICチップを取り出して、その中に記録されているデータを取り出す、ということも行ってきました。SDカード等が破壊された場合も同様に苦労してデータを抽出する、という作業を行っていました。

しかしながら、今ならAndroidの標準機能で、Google ドライブ（Google One）にスマートフォンやアプリの設定、連絡先等のデータ等をバックアップすることができます（携帯各社のデータお預かりサービス等は順次サービスが終了しています。）。

Dropbox等にバックアップすることも可能です。iPhoneの場合は、iCloudにバックアップすることが可能なので、この機能を利用している、あるいは知らないうちにバックアップされていた、というユーザも多いようです。

端末が破壊された場合等も、クラウド上にデータが残っていることが考えられますので、諦めずに手がかりを探すことが必要となります。

4.7 クラウド事業者との連携

クラウドベンダーからデータを取得する場合には、Webページ等に要領等が掲載されている場合もありますが、内容が明確ではない場合等は、当該事業者に確認する必要があります。

・エクスポート機能

ファイルデータの転送（エクスポート）先やメタデータ（データのプロパティ、インスタンスの設定管理用データ等）の情報等が入手できないか。

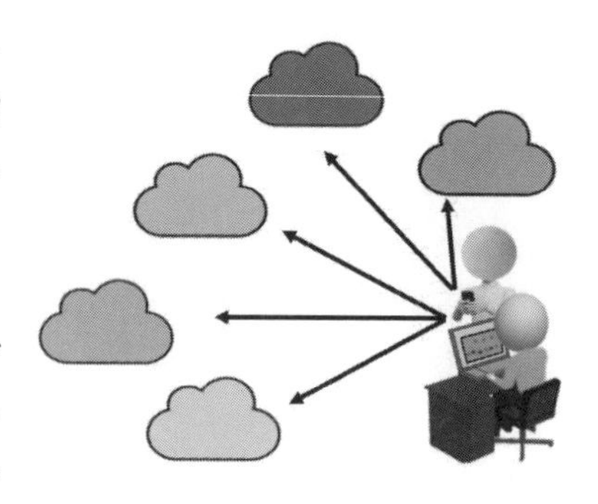

・データ保持期限

SNS等の画面の上からは過去のデータが確認できない場合でも、アーカイブ記録等、どうにかして取得する方法はないか。

・クラウドベンダーが管理するデータ

クラウドへ接続したIPアドレス等の情報やユーザからアクセスできない情報で、法執行機関が法的手続により入手できる情報はないか。

例えばLINE社では次のような対応方針がWeb上に公開されています。

【LINEの場合】

・アカウントの登録情報（プロフィール画像、表示名、メールアドレス、電話番号、LINE ID、登録日時等）

・特定のユーザーの通信履歴（送信日時、送信元IPアドレス、送信元ポート番号等）*

*捜査関係事項照会により開示することはありません。

・特定のユーザーのテキストチャット**

**エンドツーエンド暗号化が適用されていない場合に限られます（エ

ンドツーエンド暗号化が適用されている場合は、当社においても（暗号化されていない）テキストチャットの内容を復号/抽出でき保有していないため、テキストチャットの内容の開示は行っていません。）。2016年７月１日からデフォルトでエンドツーエンド暗号化が有効化されています。詳細はデータセキュリティをご覧ください。

**エンドツーエンド暗号化が適用されていない場合においても、開示範囲は最大７日分に原則限定されます。

**裁判所が発行した有効な令状を受領した場合に限ります。

**動画／写真／ファイル／位置情報／音声通話の内容等は開示されません。

4.8 クラウドサービスの利用痕跡の確認

クラウド上の調査対象データは意図的に削除されている場合もあります。

取りこぼしを防止するため、次の視点での捜索を忘れないようにしましょう。

○PCやモバイル端末の情報

インシデント関係者が使用するPCやモバイル端末を解析し、Webブラウザの認証情報やモバイル端末のアカウント情報をチェックします。

Chrome等のWebブラウザにはパスワード管理機能があり、IDとパスワードの保存が可能です。モバイル端末でも、各種サービスの認証情報の保存が可能であるため、モバイルフォレンジックツールを使用して解析できる場合もあります。

高い頻度で利用するクラウドサービスの場合には、その認証情報についても保存されている可能性が高いため、チェックすることが適当です。

○コミュニケーション内容

関係者とのコミュニケーション内容から、証拠データを蔵置するなどに利用しているクラウドが判明する場合があります。SNS等の書き込み内容も要チェック。

○アクセス履歴

マルウェア等を不正プログラムの開発用端末（PC）からクラウドに接続してばらまく、という可能性もありますが、意図せずマルウェアに汚染された端末をクラウドに接続して、感染を拡大する、という事態もあり得ます。

事案にもよりますが、ネットワーク接続も含めて各種アクセス履歴を確認することにより、接続PC等の特定を行います。

クラウドサービス側で、特定IP等からの接続を拒否するように設定を行っていないか？等、接続制限等が行われている場合には、その情報も必要となります。

4.9 「クラウドバンキング」のフォレンジック調査？

3.4.1 の（ポイント）において、金融機関のシステムのクラウド・シフトが進んでいる、と書きました。

インターネットを経由した取引や預金等が増加するということは、反対にいえば、クラウド上に構築した銀行システムはインターネットからの攻撃の脅威に晒されている、ということもいえるわけです。

昔の汎用機を用いたシステムにおける犯罪手口では、代表的な**「サラミ法(salami slicing)」**が有名でした。これは、**「塵も積もれば山となる」**を実践するもので、預貯金利息や給与の端数処理については切り捨て処理を行い、その切り捨て金額を盗み取る、という手法でしたが、このように当時はインターネットも、ネットを利用したバンキングもない時代でしたので、金融機関の犯行といえば、内部の職員による犯行がまず疑われたものです。

現在、システムのクラウド化に伴い、関係するシステムやネットワーク機器等、障害が発生し、攻撃を受ける可能性のある場所は、確実に増加しています。

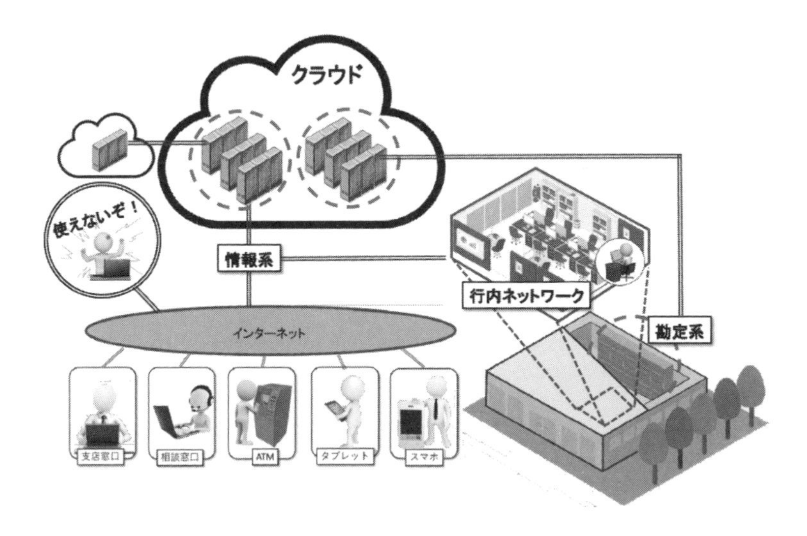

○銀行のシステム

銀行では、預金や為替等の**「勘定系」**を担当するシステムと、経営管理やマーケティングのためのデータ分析やそのためのデータ、データベース／データレイクや**DWH（Data Ware House）**を要する**「情報系」**、融資等の業務支援、顧客・取引先管理等のCRM（Customer Relationship Management）を支援する**「チャネル系（業務支援／周辺系）」**等のシステムに分けられています。

ネットバンキング等の発達に伴い、「情報系」のシステムについては、クラウドへの移行が結構進んでいましたが、「勘定系」のシステムについては、大型の汎用機（ハードウェア）の上でCOBOL言語を用いてバッチ処理を行う、というイメージが依然つきまとっているかもしれません。

大規模なシステムを必要とする都銀では、システム更新はなかなか大変な作業ですが、種々のネット銀行が台頭する中、地方銀行、地銀や第二地銀（旧相互銀行）等は、生き残りをかけ、銀行本体の合併やシステムの統合・共同利用といったコストカットにも資することから、ここ数年で「クラウド化」が急速に進められています。

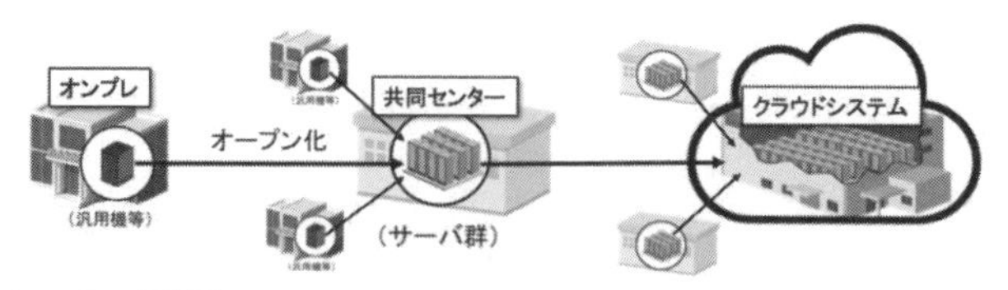

○APIやBaaSの活用

これらの銀行では、パブリッククラウドの多彩なアプリケーションやセキュリティ対策をうまく活用しつつ、「パッケージ化」された銀行業務用のアプリ群を導入することにより、コスト低減のメリットもある「クラウド」利用へ急激に舵を切ってきています。

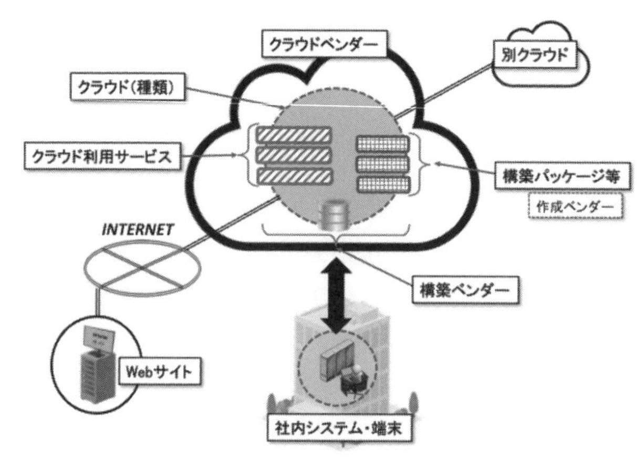

このような多様なサービスが可能となったのは、汎用系システムからサーバ等のオープン系システムに移行（オープン化）する際に培った技術をクラウドに利用させていることによります。

また、各銀行独自機能用アプリ等への対応を吸収するため、照会への応答や認証をスムーズにするために仕様を公開して開発された**銀行API（Application Programming Interface）**を経由させることで、多くの金融機関が利用できるようになっています。

最近の例では、BIPROGY（旧日本ユニシス）が開発した「BankVision on Azure」はパブリッククラウドで稼働するクラウド型オープン勘定系システムですが、もともとは、地銀等が利用するオープン勘定系システムBankVisionに、API公開基盤の「Resonatex」を適用し、このプラットフォームを**BaaS（Banking as a Service）**として金融機関に提供することによりクラウド化、ひいては**FinTech（金融（Finance）&技術（Technology））**を推進するものです。

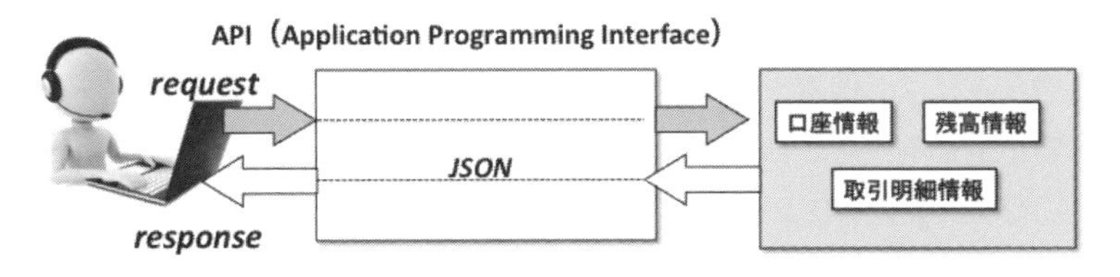

APIのレスポンス等もJSON形式で表記されることが多いようです。

もともとBankVisionのオープン化の際に選ばれたサーバがWindowsサーバだったので、クラウドに移行する際にもWindows Serverを提供するMicrosoft社のAzureが選定されるのももっとものことですし、そうすると行員相互の情報交換やメール送受信、WordやExcelデータ等の事務用アプリもクラウド上で便利に利用できるMicrosoft365（M.365）との親和性も高いので、「情報系」をクラウドに移行したり「勘定系」等とデータ連携したりする際にも、円滑なシステム構築・運用が期待されます。

○クラウドバンキングのフォレンジック（例）

銀行のシステムは、勘定系や情報系等のほか、対外的な全国銀行資金決済ネットワーク（全銀ネット）、日本銀行金融ネットワーク（日銀ネット）、ANSER（Automatic answer Network System for Electronic Request）DATAPORT（NTTデータのファームバンキングサービス）、VALUX（NTTデータの端末認証サービス）、SWIFT（Society for Worldwide Interbank Financial Telecommunication：国際銀行間通信協会による国際的な送金インフラ）、CAFIS（Credit And Finance Information Switching system：NTTデータのクレジットカード・オンライン決済システム）、共同CMS（Cash Management Service）サービス（2026年終了）やBizSTATIONやMUFG Biz等の各行独自のネットワークが接続されています。

金融機関においては、このような様々なシステムやネットワークが複雑に絡み合っているだけでなく、自行ビルや支店、データセンター等のネットワーク環境、顧客・取引先との接点に当たるWebサイトのシステム等、多様なシステム・ネットワークサービスで業務が成り立っています。

これらのどこに障害が発生しているのか、どこが攻撃を受けたのか？というポイントや原因を抽出して特定し、復旧やサービス再開には膨大なエネルギーと時間を要する場合があります。

また、外部からの攻撃等による被害が発生した場合等には、捜査やフォレンジック調査の必要が生じるかもしれません。

その際に、**「フォレンジック・ベンダーに任せればいいんじゃないか？」**と思われるかもしれませんが、現状では、全てのフォレンジック企業で、クラウドの様々なシステムやサービスの解析まで手がけているとは限りません。クラウド上のデータを抽出し、ローカルにダウンロード・分析するようなサービス、アプリ等を提供するフォレンジック企業も多いのですが、クラウド上の作り込まれたアプリそのものの解析が可能かどうかは、各フォレンジック企業にお尋ねください。

○対象金融機関のサービス内容の確認

金融機関においては、預貯金以外にも多様なサービスを展開しています。

捜査機関等がこのような金融機関の調査を行おうとする場合には、Webサイトの内容やカード等（を発行している場合）も参考にしつつ、どのようなサービスを展開し、どのような事業者と連携を取ったクレジット（信販）機能等を提供しているのか、これらの関連サイトやスマホ用アプリはどのようなものなのか、必要に応じて確認する必要があるかもしれません。

また、地銀等のクラウド化が進んでいる状況ではありますが、「ネット専用」銀行でもクラウド化が行われていない場合もありますので、システム自体がどのように開発され、どのように運用、あるいは監視されているのかを把握しておくことが重要です。

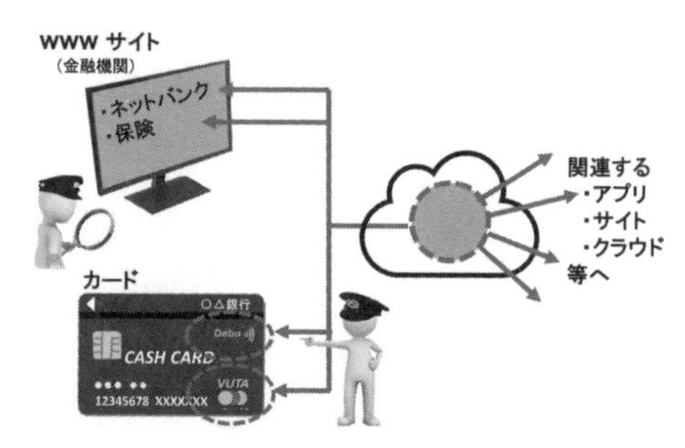

○開発企業等からの情報収集

「勘定系」のシステムと「情報系」等のシステムを同一ベンダーが開発したり、運用・監視業務を引き受けている企業があったりと金融機関のシステムの開発や保守には様々なベンダーが参画しています。

「勘定系」のシステムは、複数の金融機関等で同じようなシステムを採用していることも多いのですが、その場合でも、「情報系」のサービスやシステム等は違っていることも多くありますし、現在、更新を図っている金融機関も多いようです。

このような状況で、システム管理者が全てのシステムの状況を把握しているとは限りませんので、必要に応じてこれらのシステムの開発ベンダーや保守企業の協力を得つつ、クラウドサイト等の情報を収集する必要があります。会計システムやメール等も含めて、様々なアプリやシステム、他クラウドサービス等を利用している場合も多いので、必要に応じて当該ベンダー等の情報を収集（必要な法的措置等を経た上で）することも検討することが必要です。

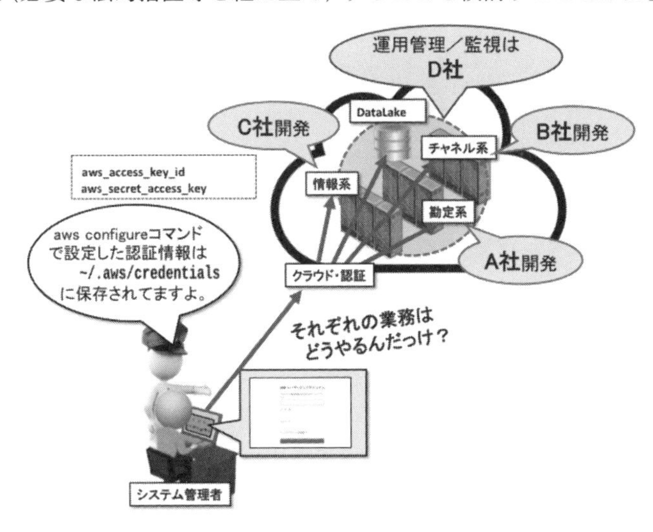

クラウド利用実態の詳細把握を！

銀行の業務の対象の中心は「勘定系」のデータかもしれませんが、事案内容により、どのシステムが関係しているのか、十分に検討した上で必要なデータの抽出・収集を行うよう心がける必要があります。

その銀行等の経営判断や経営状況に関するデータは、「情報系」の中の分析結果としてまとめられているかもしれませんし、部外とのやり取りは、別のクラウドサービスのメールの中に残されている可能性があります。

「必要なデータ」といっても、当該データが稼働するアプリや環境も重要ですので、データだけダウンロードして、「中身が見えない！」という状況に陥らないように留意する必要があります（クラウドとは違いますが、昔、サーバからCADデータを押収したものの、CADソフトがなくて困ったことがあった、というのを思い出しました。）。

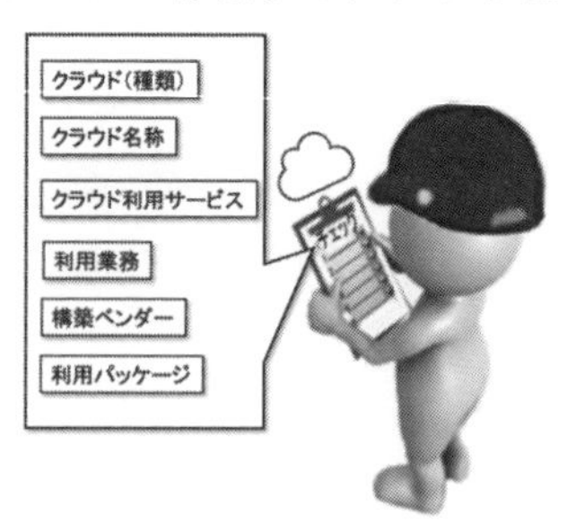

本章では、種々、情報収集に関する事項を記載してきましたが、サイバー攻撃等に起因する場合のフォレンジックに関する作業手順（例）を簡単にまとめると、

①　被害等発生状況の把握
→②　対象となるクラウド等のシステム構成、データ所在等の把握
→③　証拠データ等の収集
→④　収集した証拠データ等の解析

となります。

第5章 データの収集・保全と留意点

クラウドに対する「フォレンジック」の作業内容は、その目的や状況等により大きく異なります。「データの収集」や「保全」と書くと、法執行機関による捜査活動に限定されるように思われるかもしれませんが、民間でもこのようなニーズは増大しています。

新型コロナウイルス感染症の感染拡大以降、「テレワーク」による勤務も容認されるようになった反面、従業員等の業務管理の一環で、その業務遂行状況をチェックし、ヒューマンエラーを防止しようする事業者等も増加していて、自宅のパソコンやスマートフォン等、業務で利用する機器の様々な活動状況を吸い上げるサービスを提供するセキュリティ・ベンダーも登場しています。

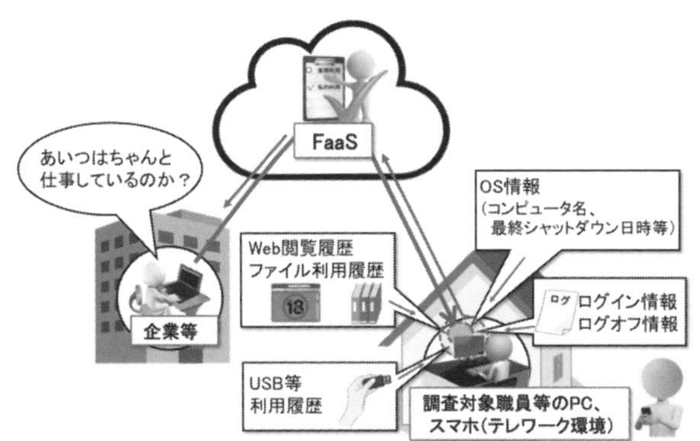

○収集する「情報」の内容

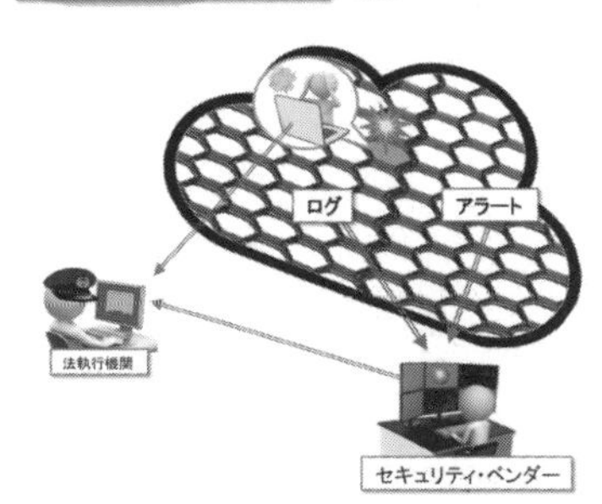

一方で、法執行機関が事件や事故を認知するのは、サイバー空間でも被害者や観測網で検知したセキュリティ・ベンダーからの通報だけでなく、ネットワーク上の目撃者等からの通報によることも

多く、その具体的な場所や状況等が必ずしも要領よく把握できる、とは限りません。

事態の急激な変化に理解が付いていかない、という事態に陥らないように努力することも求められます。

特にクラウド上の仮想システムを利用している場合には、他のユーザ等もアクセスするため､状況を保全するためには、以下の説明にもあるように、その時刻の仮想システムのボリューム（ディスク）の状態を、そのまま保存することが可能な**"スナップショット（snapshot）"**を取得することが必要となります。

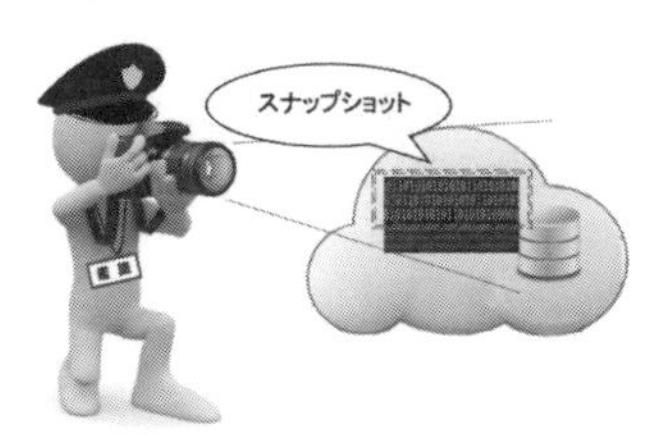

また、不正アクセス等、サイバー攻撃による被害状況を的確に把握するためには、証拠となるデータ自身が改ざんされたり消去されたりしないように防止するための対策等も行う必要があります。

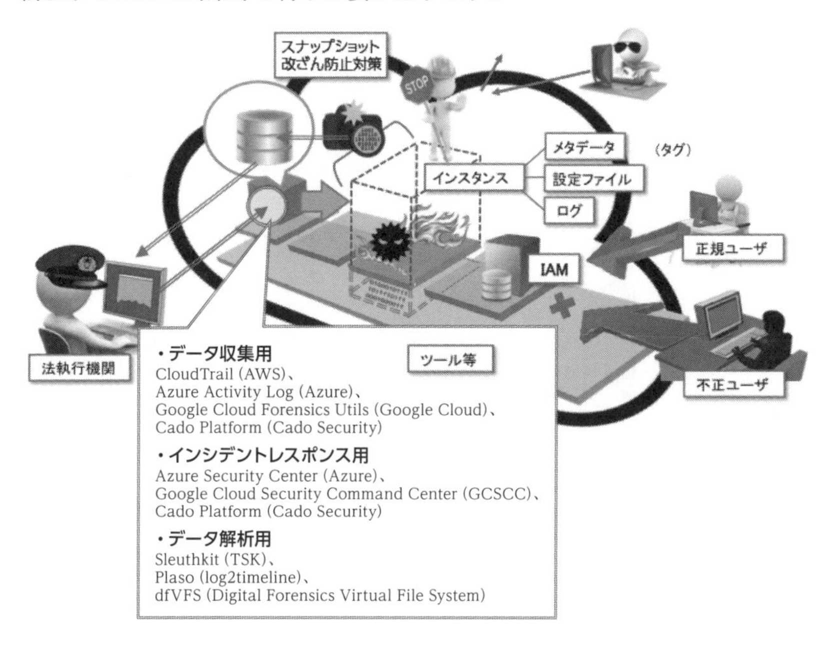

5.1 クラウド・フォレンジックにおける情報収集

クラウドに限らず、インシデント対応に関する標準的な指針をまとめたガイドラインは多いのですが、NIST（National Institute of Standards and Technology：米国国立標準技術研究所）のNIST SP800-61Computer Security Incident Handling Guideの規定では、図のように４つのフェーズに分けて対応を説明しています。

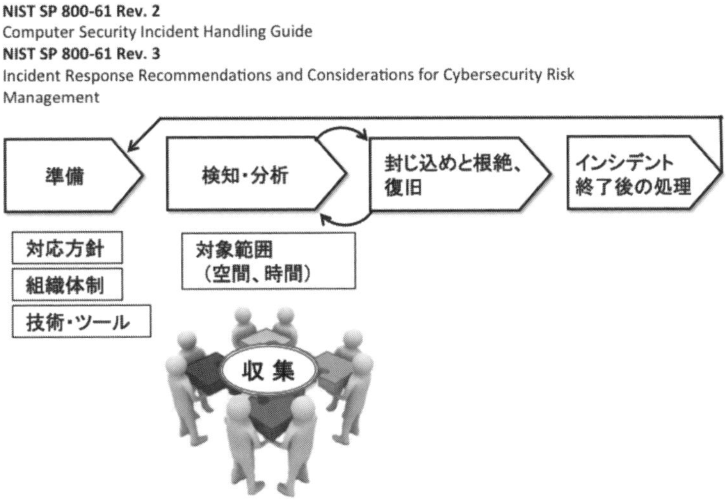

NIST SP 800-61 Rev. 2
Computer Security Incident Handling Guide
NIST SP 800-61 Rev. 3
Incident Response Recommendations and Considerations for Cybersecurity Risk Management

準備
検知・分析
封じ込めと根絶、復旧
インシデント終了後の処理
対応方針
組織体制
技術・ツール
対象範囲（空間、時間）
収 集

インシデントが発生しても、その事案が発生したことを認知できないのでは、対処することもできません。

この**「検知・分析」**フェーズをフォレンジックの観点からもう少し細かくみると、次の図のように、さらに**「証拠データ等の収集・保存」**や、当該データのチェック、分析等のステップに分かれています。

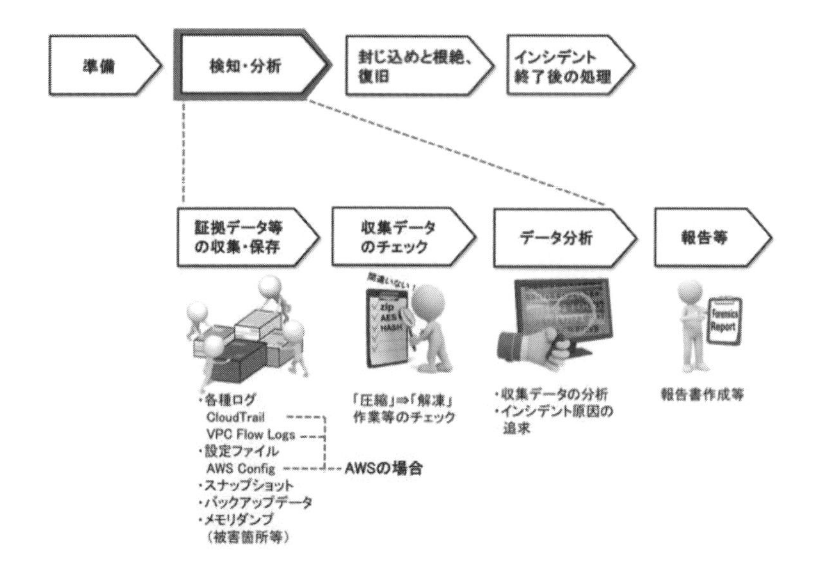

単にデータを収集するだけでなく、公判廷を見据えて、適切なデータの保存・保管を行った上で、当該データを分析することが求められるからです。

図にはAWSの場合の、取得データの例を書き入れていますが、他のクラウド基盤を利用する場合にも、同様のログや設定ファイル等を適宜取得する必要があります。

5.2 クラウドサービスの形態とデータ収集・保全

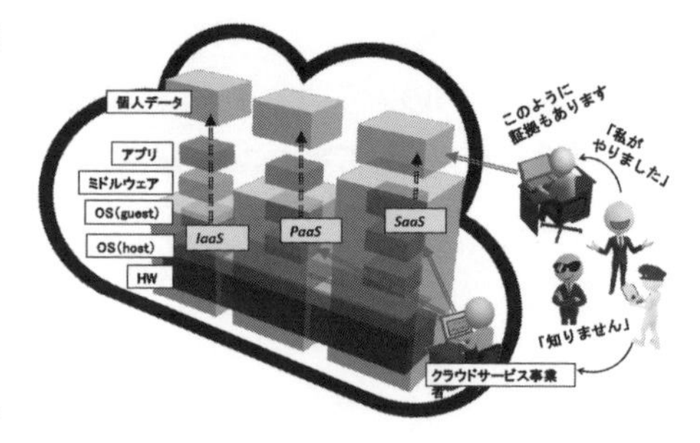

クラウドサービスの提供形態やインシデントの形態により、データの収集や保全を行う際に着目するポイントは異なります。

クラウドサービスを利用するユーザ自身が犯罪行為等の証拠となるデータをクラウド上等に保存したり、クラウドサービスを利用して仲間等との連絡を取り合ったりするような場合に、当該ユーザに依頼して証拠データをダウンロードしてもらって、当該データの保全を行うということは犯罪捜査の観点からは全く容認できないため、当該ユーザにデータを削除させないための措置を図った上で、当該クラウドサービスを利用する組織（グループ）のシステム管理者、あるいはクラウドサービス事業者に要請して、必要なデータを抽出し、保全する必要があります。

最近では「証拠収集」というと、**「フォレンジック・アーティファクト（Forensic Artifact）」**等と、横文字でサイバー攻撃の被害等の“痕跡”となるデータを指すことも多いようですが、実際の痕跡を見付けるためには、システムの設定ファイル、管理者やその権限等、関係するデータを広く精査する必要がありますし、SaaSやPaaS、IaaS等、クラウドの種類により必要な措置が異なったり、求められる技術レベルも違いますので注意が必要です。

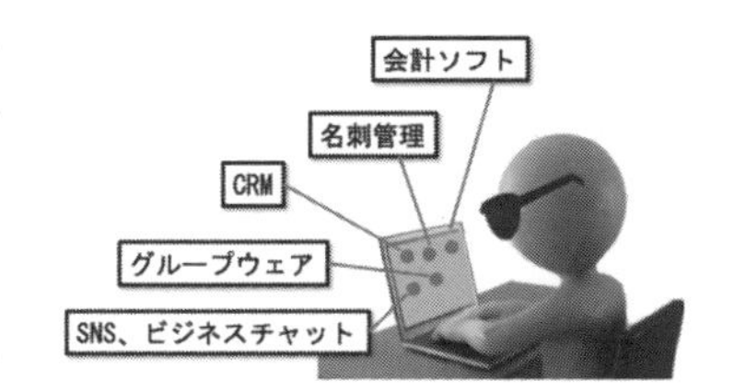

5.2.1 SaaSの場合

様々なグループウェアやビジネス用アプリがSaaSとして提供されています。

SaaSではアプリケーション以下のレイヤーがクラウドサービス事業者によって管理されていますので、利用者が管理するデータを収集する方法や収集可能なデータ形式はそれぞれのアプ

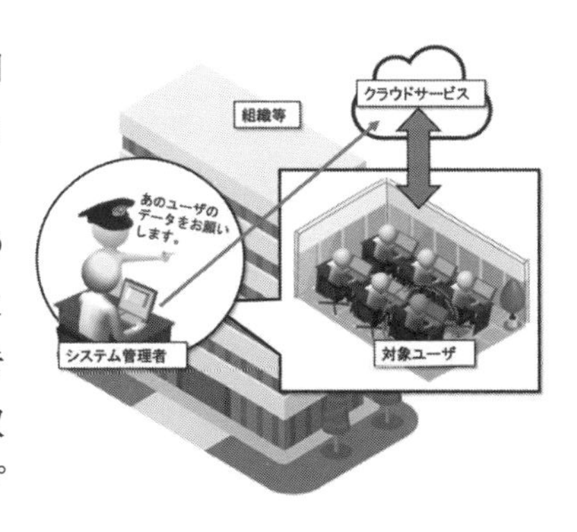

リケーションの仕様に依存しています。

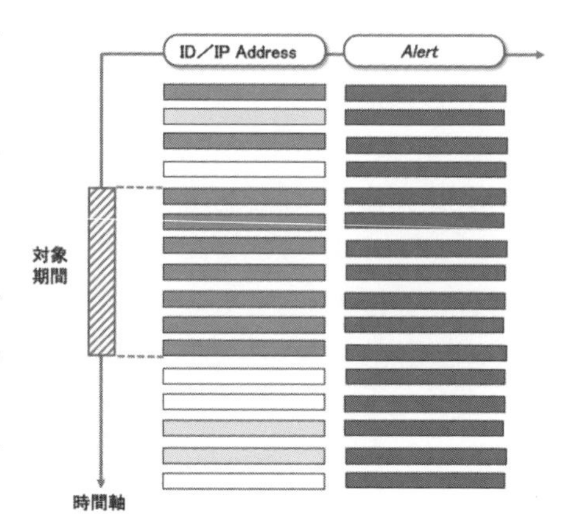

SaaSの形態で提供されているサービスは昨今膨大な数となっていて、その全てを網羅することはできませんが、多くの場合、対象者のアカウント又は管理者のアカウントでログインし、データのエクスポートを行うことは可能となっています。

対象ユーザのデータを収集・保全する際の一般的な手順は次のとおりです（対象ユーザが属する組織（グループ）の管理者アカウントから行う場合）。

① SaaSサービスに対し管理者アカウントでログインする。
② サービス内のエクスポート機能にアクセスする。
③ 必要アカウントや期間等によりフィルタリングを行う。
④ エクスポート対象のデータを選択する。
⑤ エクスポート先の保存媒体（外付けHDD等）を指定する。
⑥ エクスポートを実行する。
⑦ 目的データの取得を確認する（エクスポート時ログ等から）。
⑧ 取得データのハッシュ値を算出する
（必要に応じL01、AD1等の形式とする。）。

このような手順は、SaaSサービスにより異なりますので、実際の作業時には各サービスのマニュアルやサービス事業者の指示等に従ってください。

サービスによっては、契約プランにもよりますが電子情報開示機能を利用することも可能です。

留意事項―1　ディスクイメージ（論理ファイル）

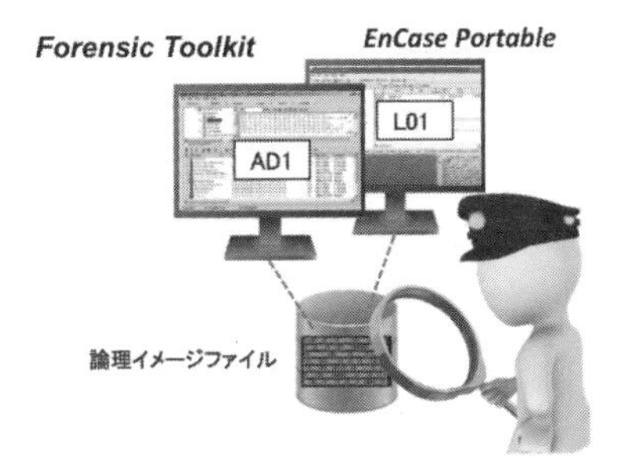

前記手順の⑧でL01やAD1と書きましたが、これはそれぞれディスク解析等に用いられるフォレンジックツール、EnCase PortableやForensic Toolkitに割り当てられている論理イメージの形式を指しています。

これらのツールを用いて証拠データを保全し、解析等の作業を効率的に行うためには、クラウドからデータを取得する際に、これらの形式を指定すると便利です。

留意事項―2　タイムスタンプ

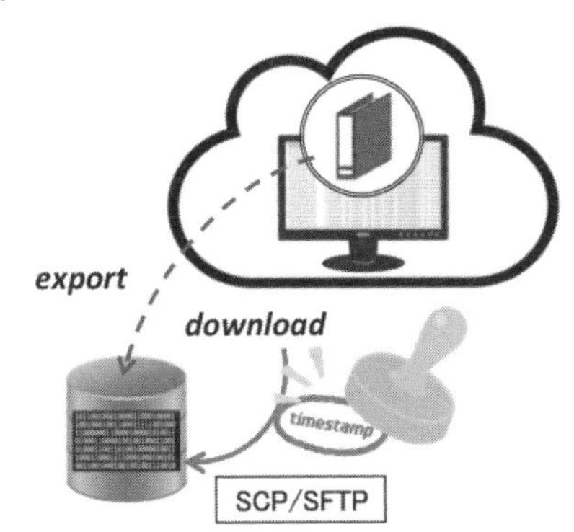

クラウドサービスの時刻設定については、ユーザ自身が設定できる場合もありますが、基本的には我が国の標準的な時刻として用いられているJSTは、“UTC（協定世界時）＋９時間”という関係があります。

しかし、証拠データ等をエクスポートやダウンロードする過程でタイムスタンプが失われる場合があります。

例えば、元々クラウド上で設定されたファイル作成日時が保持されず、ローカルPCにダウンロードした日時となってしまったり、一方で更新日時は保持される、という場合もありますので、ダウンロード等の作業を行う前に確認しておく必要があります。

SaaSサービスには、ほとんどが趣味や商用（PR）ツールとして用いられているものもあります。個人でも業務でも利用可能なグループウェアも多く、これらを便利に業務に活用している組織も多くあります。

悩ましいのは、職場からこれらのグループウェア等を利用して、業務に関する情報を不正に外部に漏洩させたり、不正経理に悪用する職員がいた場合には、どうすればよいのか？　あるいはコンプライアンス遵守の状況をいかにチェックすべきか、ということから、これらのグループウェア等の利用状況の調査が必要となる場合がある、ということです。

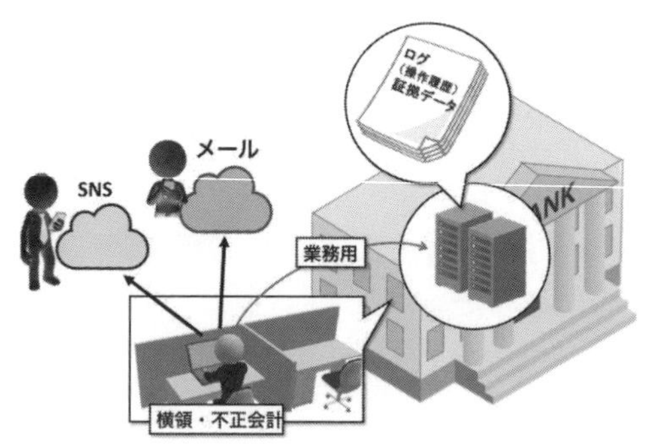

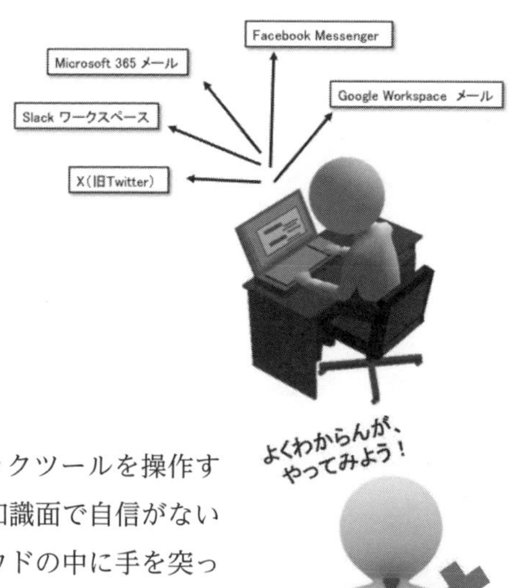

このような場合のフォレンジック手法（例）につき、いくつかのSNS等SaaSサービスを取り上げて、具体的な調査・情報収集等の例を説明します。

個人や企業で多く利用されているマイクロソフト社のM.365から順次まとめていますが、中にはコマンドライン入力（CLI）で、OSやフォレンジックツールを操作するものもありますので、技術・知識面で自信がない場合は、決して真似をしてクラウドの中に手を突っ込まないよう、くれぐれも注意してください。

5.2.1.1 Microsoft 365メールの保全手順(例)

SaaSサービスとしてよく利用されているMicrosoft365の「電子情報開示(標準)」機能を用いたメールデータの保全手順の例を紹介します。

[前提条件]
Microsoft社のデータの一元管理・保護を行うサービス**Microsoft Purview**（旧 Azure Purview）の「電子情報開示ソリューション」が利用可能な契約形態（有償）であること。

＊ データの検索・抽出と結果のダウンロード手順

① Webブラウザより Microsoft Purviewにログインします（M.365アカウントが必要）。
URL:https://compliance.microsoft.com/homepage

② メニューから「電子情報開示」⇒「標準」を選択します。

③ 「ケースを作成」を選択します。

電子情報開示 (標準)
電子情報開示ケースを作成し、そのケースにだれがアクセスできるかを指定したら、そのケースを
コンテンツを保持し、検索結果をエクスポートしてさらに分析することができます。詳細情報
＋ ケースを作成 ↓ リストのダウンロード ○ 更新

④　名前、説明（任意）を入力（本手順では名前を「Sample1」としています。）し、「保存」を選択します。「説明」欄には必要に応じ案件名、カストディアン（代理人）名等、判別に必要な情報を入力してください。

新しいケース
名前と説明を入力します
このケースにわかりやすい名前を付けると、後でまた簡単に検索することができます。
名前 *
Sample1
説明
保存　キャンセル

⑤　作成したケースが一覧に表示されるので名前の部分をクリックします。

＋ ケースを作成　↓ リストのダウンロード　更新
名前　状態
Sample　アクティブ

⑥　作成したケースの詳細画面が開くので、「検索」をクリックします。

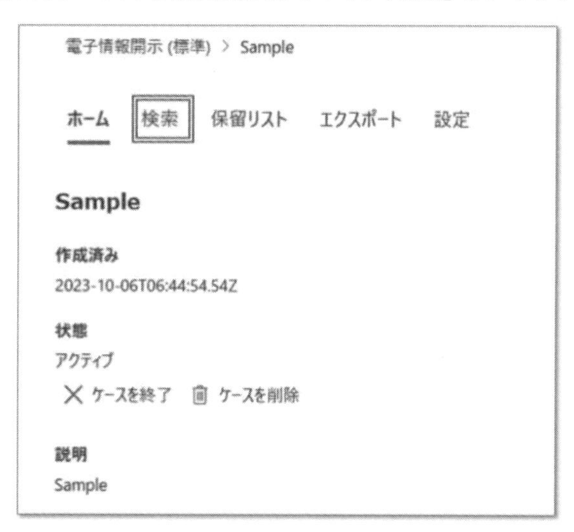

⑦　検索条件を作成するため「新しい検索」をクリックします。

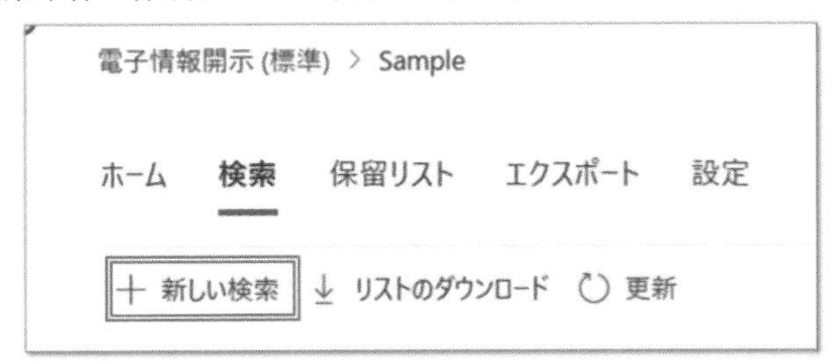

⑧　名前（必須）、説明（任意）を入力し、「次へ」をクリックします（本手順では名前を「Sample_Export」としています。）。

⑨　保全対象はメールなので「Exchangeメールボックス」の「状態」をオンに切り替え、「含まれる」の「ユーザー、グループ、チームを選択」クリックします。

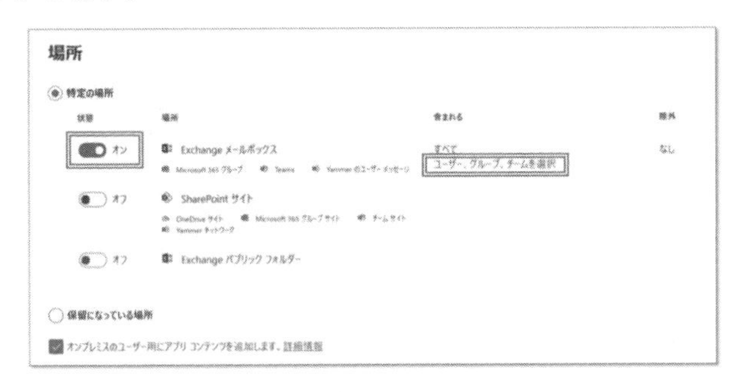

⑩　テキストボックスに検索対象として追加するメールアドレス又は名前（アカウント名）を入力し、候補として挙がってきたメールアドレスから該当するものにチェックを入れて「完了」をクリックします。その後表示される場所の選択画面で「次へ」をクリックします。

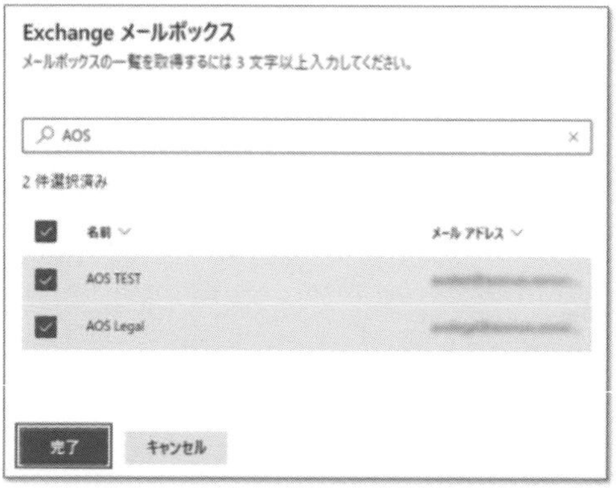

⑪　検索条件（日付/送信者/受信者/キーワード/件名）を設定し、「次へ」をクリックします。全範囲を収集する場合は検索条件を空欄とします。

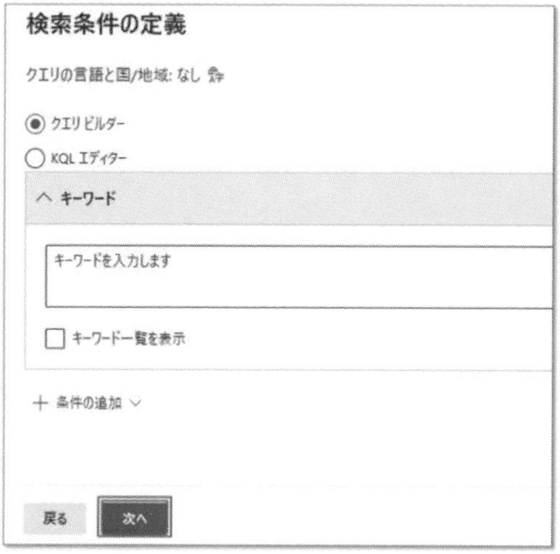

⑫　設定の確認画面が表示されるので、「送信」を選択します。

⑬　「新しい検索が作成されました」と表示されるので「完了」を選択すると、一覧に追加され、状態が「Starting」となります。

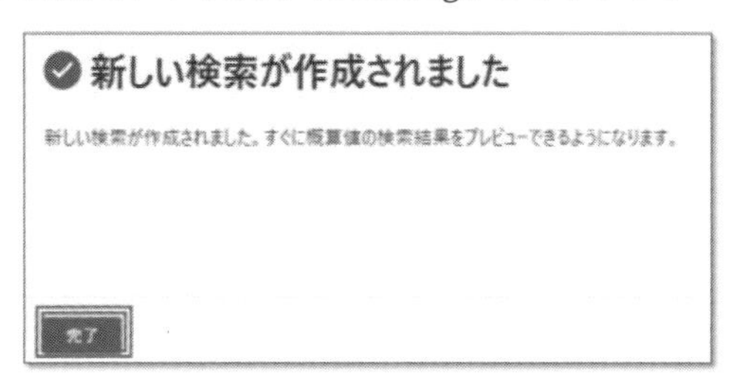

検索処理が完了すると、状態が「Completed」に遷移します。

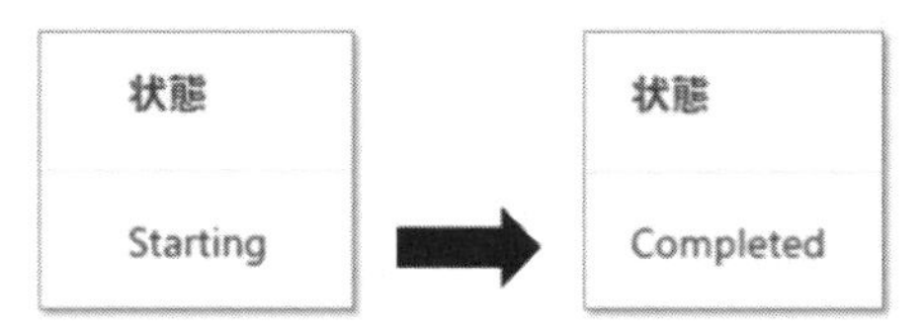

⑭　検索一覧からCompletedになった検索ジョブを選択し、「操作」⇒「結果のエクスポート」を選択します。

⑮ 「名前を付けてExchangeコンテンツをエクスポート」のラジオボタンでエクスポートするPSTへのメッセージの格納方法を選択し、「エクスポート」をクリックします。

⑯ ジョブが作成されましたので「OK」を選択します。

⑰ 「エクスポート」の一覧に、作成したジョブが表示されますので、作成したジョブを選択し開きます。

⑱　ダウンロードの際にエクスポートキーの入力が求められますので、「クリップボードにコピー」をクリックし、メモ帳等に保存した後に「結果のダウンロード」をクリックしてください。

⑲　「電子情報開示エクスポートツール」を開くためのポップアップが表示されるので「開く」を選択します。

※初回操作の場合は、「電子情報開示エクスポートツール（Microsoft Office 365 eDiscovery Export Tool）のインストールを要求されるので、インストールを実施してください。

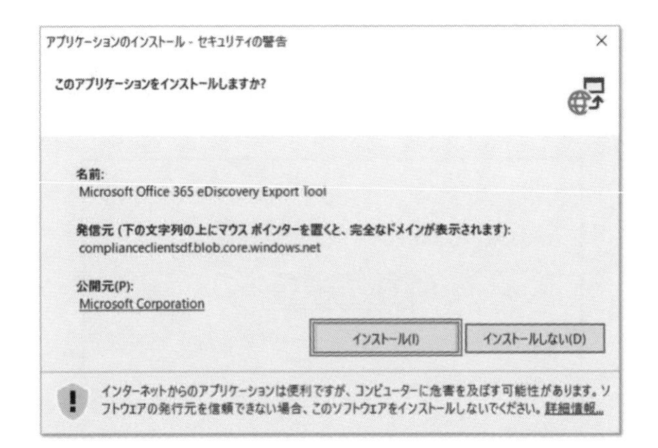

⑳　「電子情報開示エクスポートツール」が起動しますので、⑱で保存したエクスポートキーを1つ目のテキストボックスに貼り付けます。2つ目のテキストボックスにファイルの格納場所を指定して「開始」を選択するとダウンロードが開始されます。

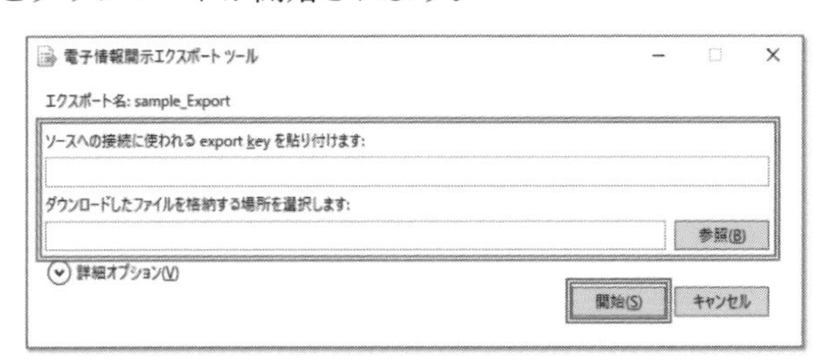

㉑　ダウンロードが開始されるとプログレスが表示されます。ダウンロードが完了するとステータスが「処理が完了しました。」となります。「Close」をクリックしてツールを閉じます。

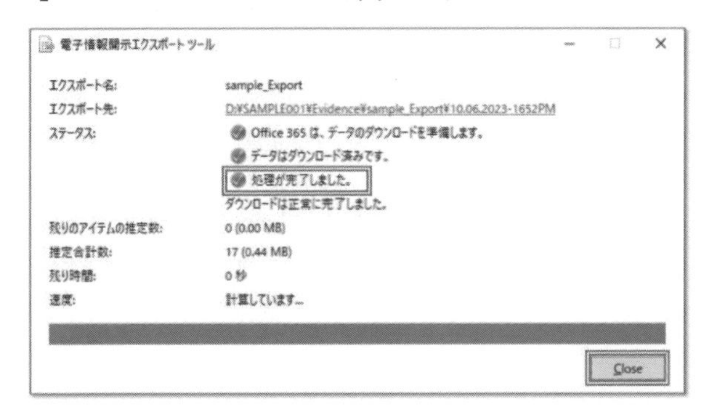

㉒ ダウンロードしたデータには実データが入った「Exchange」フォルダと各種ログファイルが格納されています。

名前	更新日時	種類	サイズ
Exchange	2023/10/06 16:53	ファイル フォルダー	
Export Summary 10.06.2023-1653PM.csv	2023/10/06 16:53	Microsoft Excel CS...	2 KB
manifest.xml	2023/10/06 16:53	Microsoft Edge H...	32 KB
Results.csv	2023/10/06 16:53	Microsoft Excel CS...	11 KB
trace.log	2023/10/06 16:53	LOG ファイル	21 KB

【まとめ】

Microsoft365のデータ保全に関しては、このMicrosoft Purviewを用いる方法以外にも、

・**Microsoft 365 管理センター**：ユーザ管理、課金
・Exchange Onlineの**Exchange管理センター**（EAC）：メール配送履歴
・**Entra 管理センター**（M.365及び Azure AD対象）：サインイン履歴

等に照会する手法等もあります。

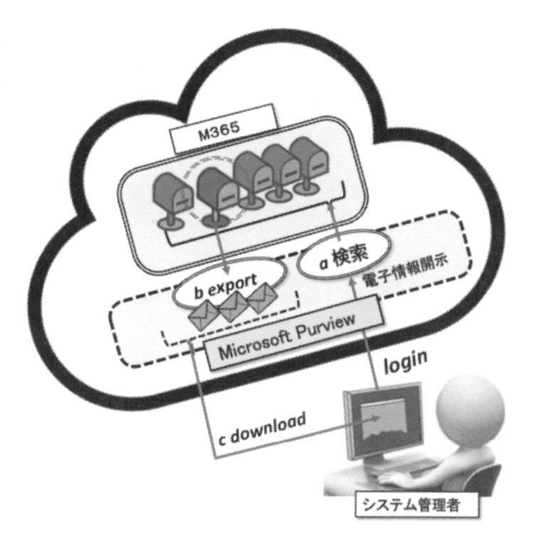

5.2.1.2 Google Workspace（メール）の保全手順(例)

Google社が提供するビデオ会議やチャット等のコミュニケーションツール、カレンダー機能等グループウェアも含めた文書作成、表計算、プレゼンツールとGmail等も含めて組織で利用可能なオンラインアプリケーションセットがGoogle Workspaceですが、そのGoogle Workspaceの情報ガバナンスと電子情報開示のためのツールとしてGoogleVaultが用意されています。

以下では、GoogleVaultサービスを契約している組織のメールデータを保全する場合の手順例を紹介します。

[前提条件]
保全に使用するGoogleVaultアカウントに対しGoogle Workspace管理者から案件の運営、検索の管理、書き出しの管理の権限が割り当てられていること。

① Webブラウザよりgoogle Vaultにログインします。
http://vault.google.com/

② GoogleVaultのホーム画面が表示されますので「案件」をクリックします。

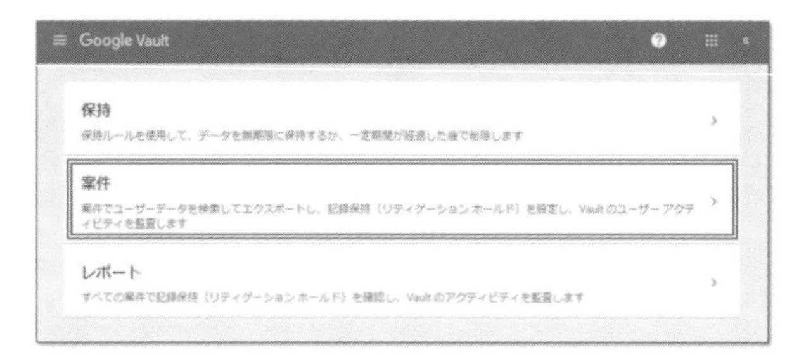

③ 「作成」をクリックして、案件を作成します。

④ 案件名を入力し「作成」を選択します（本手順では案件名を「TEST01」としています。）。

⑤　保全対象のサービスを選択します。ここではメールを保全したいのでGmailを選択します。

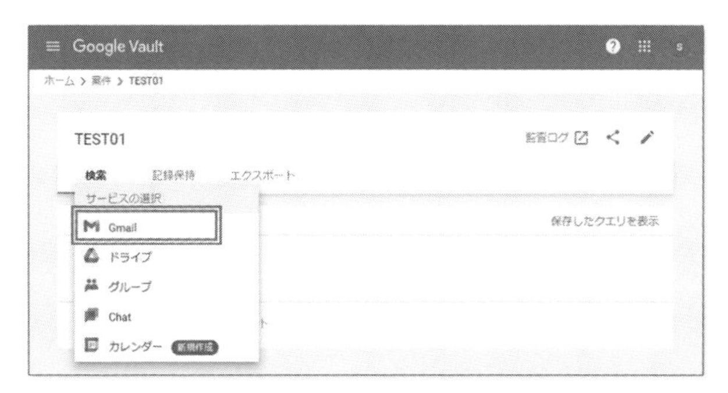

⑥　次に、エクスポートする対象の絞り込み条件を指定します。メールの送信日、特定のアカウントやキーワードを指定することができます。本手順では、ソースで**「すべてのデータ」**、エンティティで「特定のアカウント（メールアドレスを記載）」を指定しています。条件を設定したら**「エクスポート」**を選択します。

⑦　次にエクスポートするファイルの名前と形式（MBOX/PST）を指定し「エクスポート」をクリックするとエクスポート処理が開始されます。

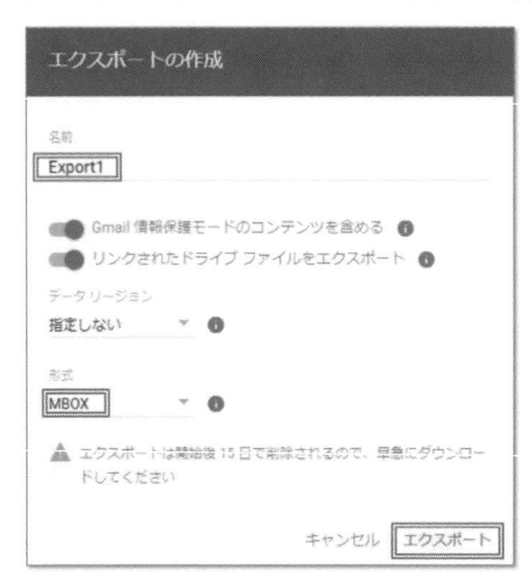

⑧　エクスポート処理終了後、案件画面からダウンロード対象の案件を選択します。

⑨　エクスポートタブから先ほど作成したエクスポートの「ダウンロード」を選択します。

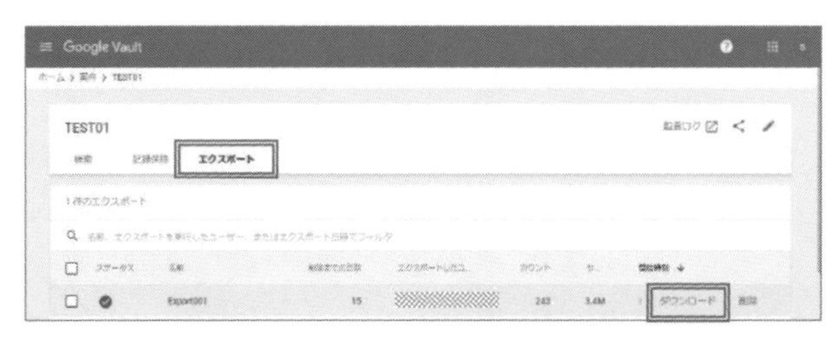

⑩　エクスポート結果のデータのダウンロードリンクが表示されますので「ダウンロード」を選択し、データを取得します。ZIPファイルがメールデータが格納されたデータとなります。ダウンロードが完了したら、「完了」を選択し終了します。

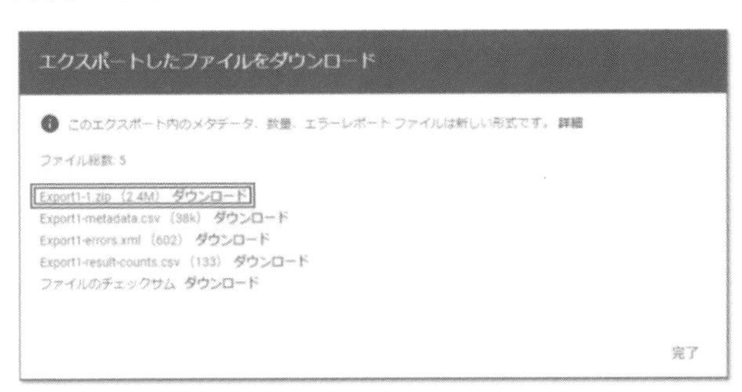

5.2.1.3 Slackの保全手順(例)

Slackは「チャンネル」と呼ばれる専用スペースにチームメンバーが集って業務（会合）を行う仕組みとなっています。

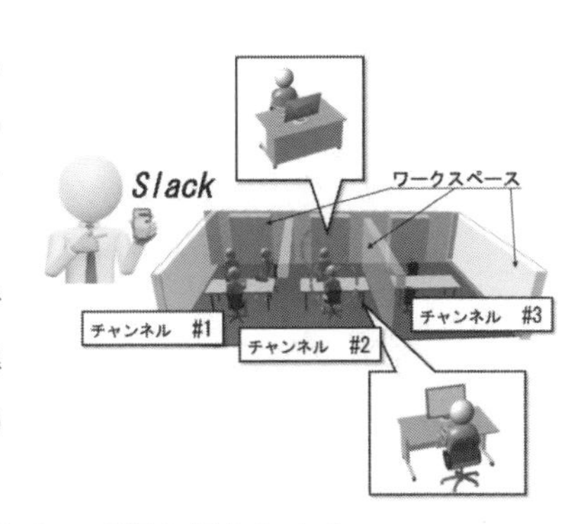

Slackは、プランによっては管理者権限でもプライベートチャットを取得することができない場合がありますので注意が必要です。

以下、Slackのチャットデータを保全する手順を紹介します。

[前提条件]

保全対象となるSlackワークスペースの「オーナー / 管理者」、「OrG※オーナー / 管理者」、「エクスポート管理者」のいずれかのメンバー種別のアカウント情報（アカウント名／パスワード）を保有すること。

※　OrGはオーガナイゼーション（組織）の略

① Webブラウザでslackにログインします。
https://slack.com/intl/ja-jp/workspace-signin

② デスクトップのサイドバーにあるワークスペース名を選択します。

③ メニューから「ツールと設定」⇒「ワークスペースの設定」を選択します。

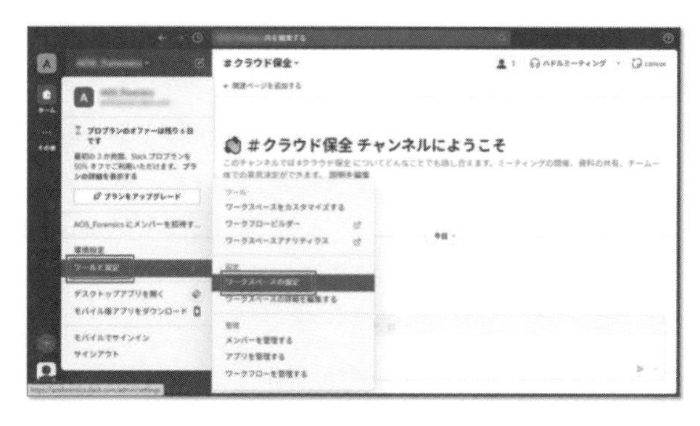

④「設定と権限」画面が表示されるので「データのインポート／エクスポート」を選択します。

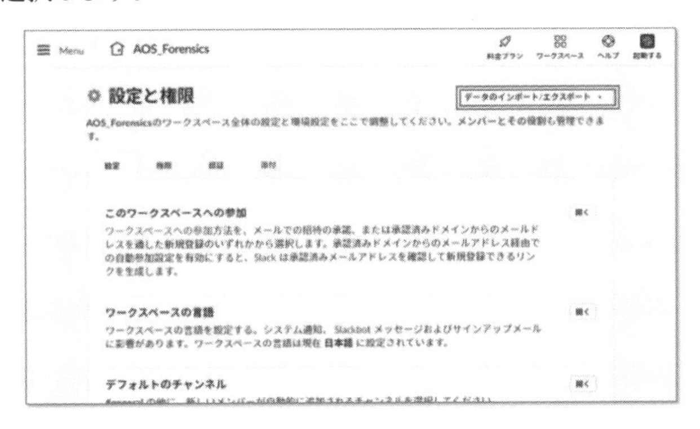

⑤「データのエクスポート」画面が表示されるので、「エクスポート」タブを選択し「日付範囲をエクスポートする」のドロップダウンメニューより保全対象期間を指定します。例では「全履歴」を選択しています。「エクスポート開始」をクリックするとエクスポート処理が開始されます。

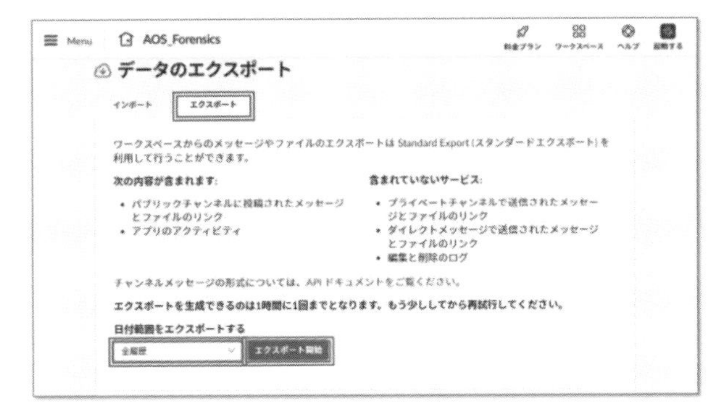

⑥　エクスポートが完了すると、アカウントに登録されたメールアドレス宛に通知メールが送信されます。メールに記載されている「ワークスペースのエクスポートページにアクセスする」をクリックします。

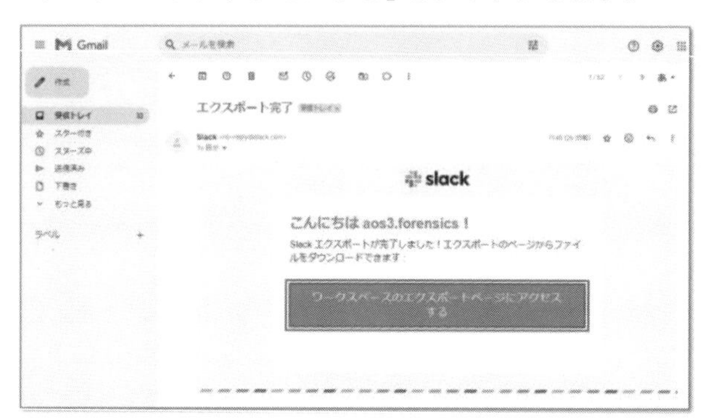

⑦　Webブラウザでエクスポート結果が表示されますのでダウンロード対象の「ダウンロードを開始する」を選択します。

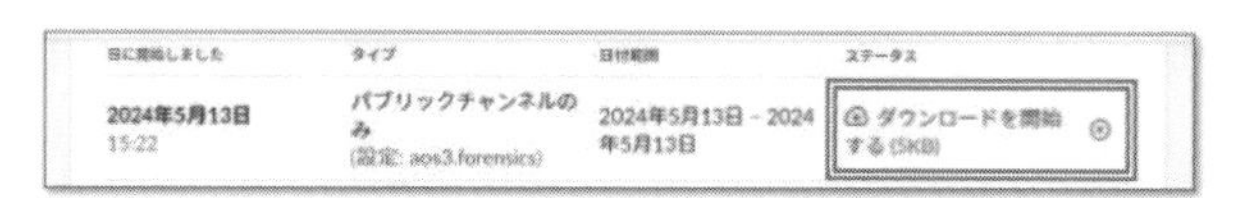

⑧　ダウンロードしたファイルはzip形式となっています。

　これを展開すると、チャンネルからエクスポートされたワークスペースのメッセージ履歴（JSON 形式）と添付ファイルへのリンクが含まれています。

5.2.1.4 Facebook Messengerの保全手順(例)

Facebook Messengerのデータを保全する手順を紹介します。

[前提条件]
　保全対象となるFacebookアカウント情報（アカウント名／パスワード）が判明していること。

① WebブラウザでFacebook Messengerにログインし、「アカウントセンター」にアクセスします。
　https://accountscenter.facebook.com/info_and_permissions/

② 「あなたの情報とアクセス許可」から「個人データをダウンロード」を選択します。

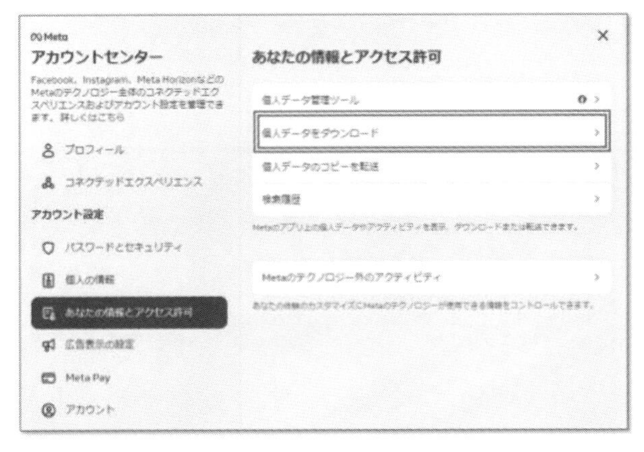

③ 「情報をダウンロードまたは転送」、「特定タイプの情報」を選択します。

④　保全対象とする情報をチェックし、「次へ」を選択します。この例では「メッセージ」と「投稿」を選択しています。

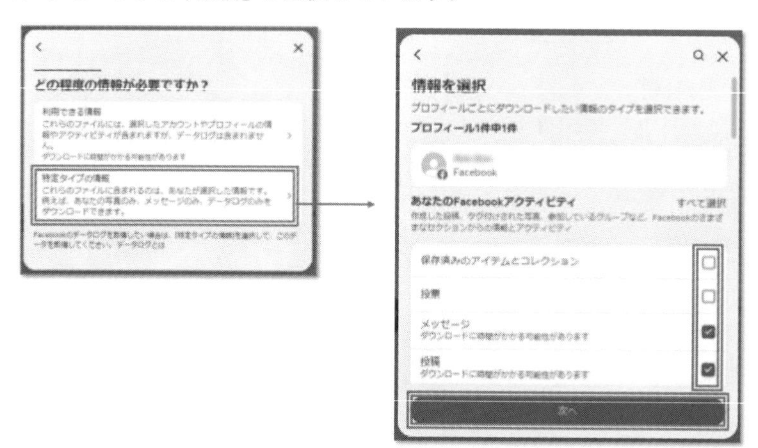

⑤　ローカルにダウンロードするため「デバイスにダウンロード」を選択し、「次へ」を選択します。

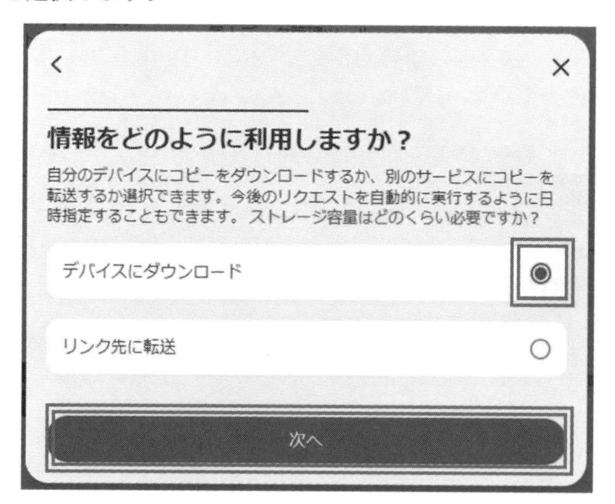

⑥　期間、通知（メールアドレス）、フォーマット（HTML/JSON）、メディアの画質（高/中/低）を選択し、「ファイルを作成」をクリックします。

⑦　ダウンロードファイルの準備処理が開始されます。この処理には数時間から数日かかる場合があります。

⑧　処理が終了すると手順⑥で「通知」に設定したアドレスにメールが届きます。メールのリンク若しくは上記画面から、「ダウンロード」が選択できるようになるのでクリックします。

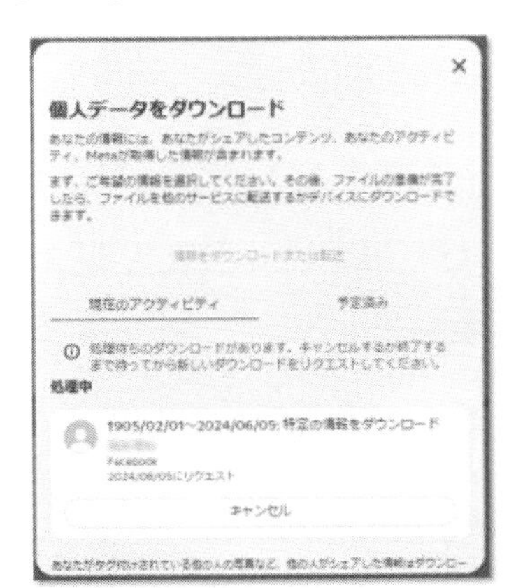

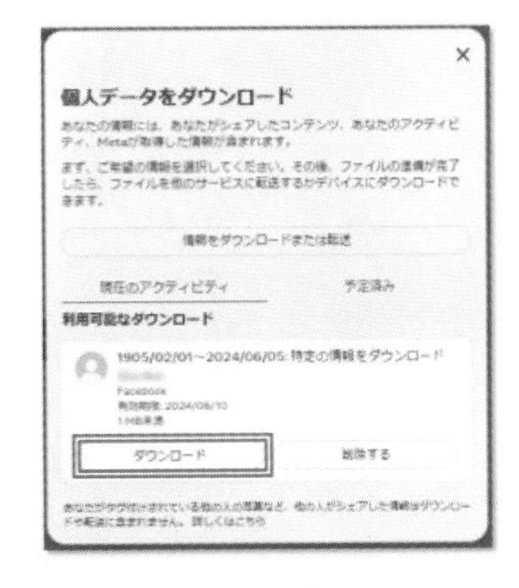

⑨　ZIP形式で圧縮されたファイルがダウンロードされます。

5.2.1.5 X（旧Twitter）の保全手順（例）

X（旧Twitter）のデータを保全する手順を紹介します。

[前提条件]
保全対象となるX（旧Twitter）アカウント情報（アカウント名／パスワード）が判明していること。

① X（旧Twitter）にログインします。
https://x.com/

② ログイン後、メニューから「もっと見る」を選択します。

③ 「設定とプライバシー」を選択します。

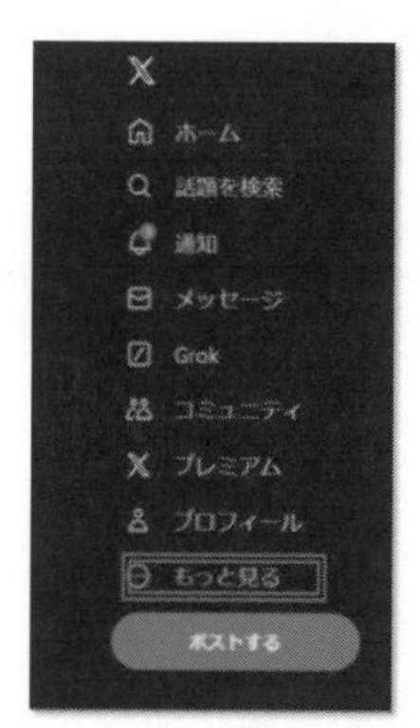

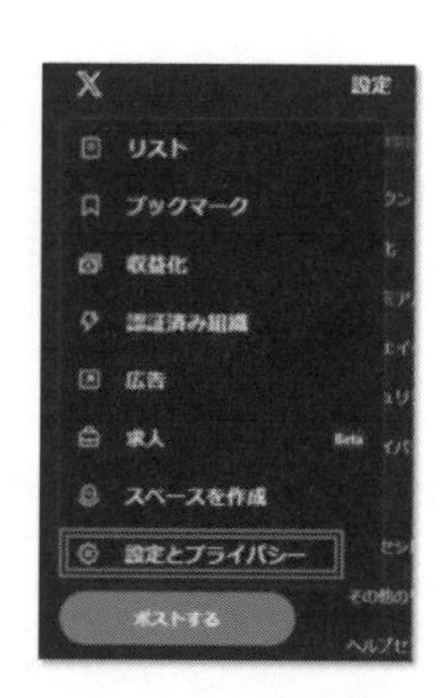

④ 「アカウント」メニューの「データのアーカイブをダウンロード」を選択します。

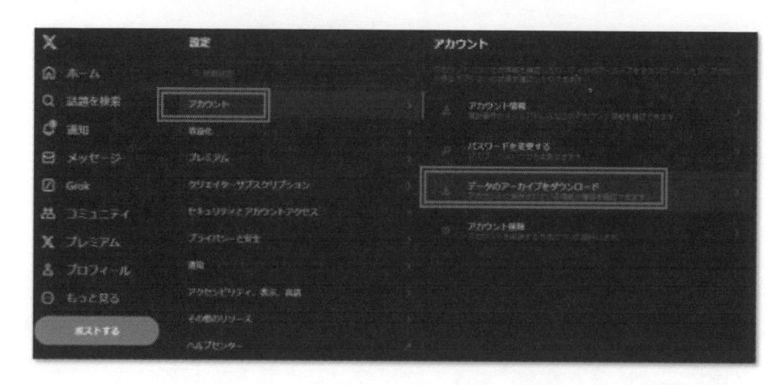

⑤　画面に従い、パスワードを求められた場合はアカウントのパスワードを入力します。

⑥　本人確認のため認証コードにより認証を行ってください。

⑦　「アーカイブをリクエスト」をクリックすると「アーカイブをリクエスト中」に変化します。この処理には数時間から数日かかる場合があります。

⑧　アーカイブ処理が完了するとボタン表示が「アーカイブをダウンロード」に変化しますのでクリックしてダウンロードを開始してください。

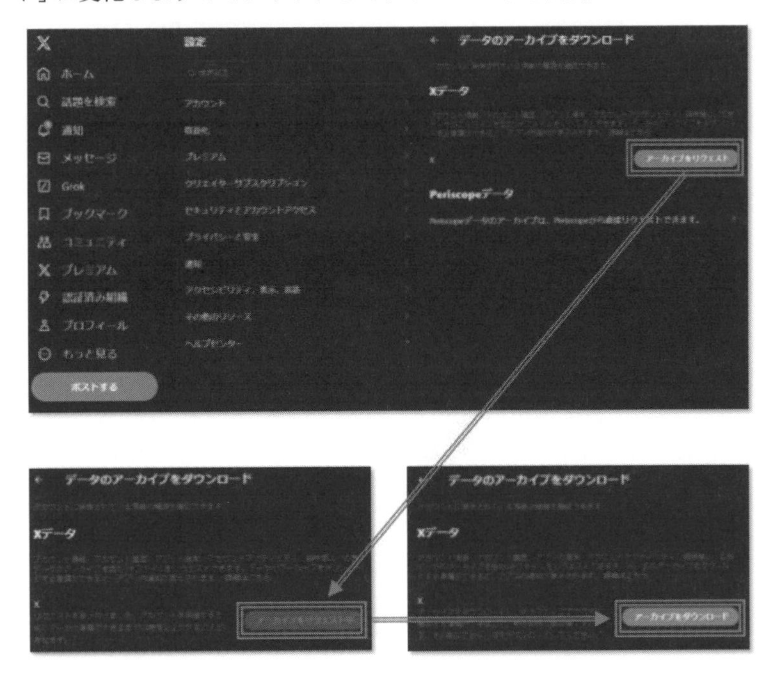

⑨ ダウンロードしたファイルはZIP形式になります。展開したルートフォルダにある「Your archive.html」を開くとデータを参照することができます。

5.2.2 PaaSの場合

昔は、サーバを構築しようとすると、ハードウェアやネットワーク等の基本的なインフラ基盤（これをクラウド上で提供するものがIaaS）だけでなく、アプリケーションが稼働できるようにするためのOSやミドルウェアをインストールしなければなりませんでした。

これらの開発環境がプラットフォームとして提供されているのがPaaSで、代表的な例としては、AWSではJava、.NET、PHP、Python、Ruby等の実行環境である「**AWS Elastic Beanstalk**」やサーバレスの「**AWS Lambda**」、Azureでは、「**Azure App Service**」や「**Azure Cloud Services**」、サーバレスの「**Azure Functions**」が該当します。Googleでは「**Google App Engine (GAE)**」が提供されています。

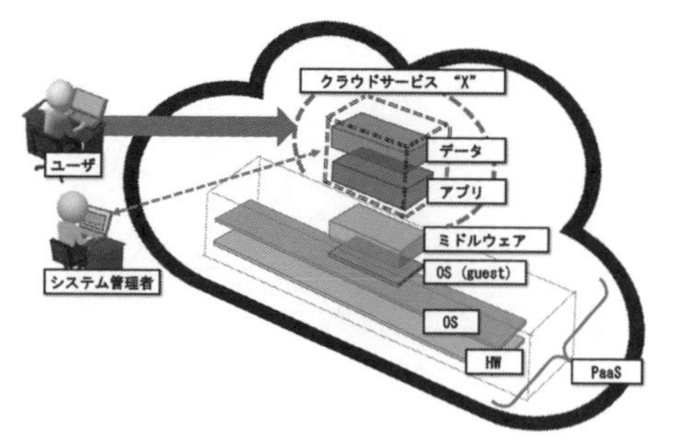

これらの開発・実行環境としてのPaaSを利用してクラウドアプリを開発するのは何のためでしょうか？

企業内の情報共有用のアプリとしてPaaS利用者自らが利用する可能性もありますが、多くは開発したアプリを他の組織に利用してもらうか、一般ユーザ向けのアプリとして提供するかもしれません。

コストを圧縮するためにPaaSベンダーが提供するセキュリティ管理・監視サービス等を省略して安価なサービス提供を行っているのかもしれません。

このような“穴”だらけのクラウドサービス“X”がサイバー攻撃を受ける事態が発生した場合、当該クラウドサービス“X”を提供している事業者が攻撃による直接の被害者であるのかもしれませんが、実際には、このクラウドサービスを利用しているユーザが真の被害者でしょう。

このようなクラウドサービス“X”がサイバー攻撃の被害に遭った際に、被害状況を把握するためには、PaaS事業者等の協力を得つつ、次のような手法で情報を収集します。

PaaS利用企業（クラウドサービス“X”）の情報

PaaSの利用者（クラウドサービス“X”）の情報を収集するためには、“X”が作成したアプリや、その顧客データ、ログ等を収集する必要があります。

この中で、ログに関しては、

- クラウドサービス事業者が提供するログ収集機能
- ログの格納先として選択可能なクラウドのストレージ

に保存されています。

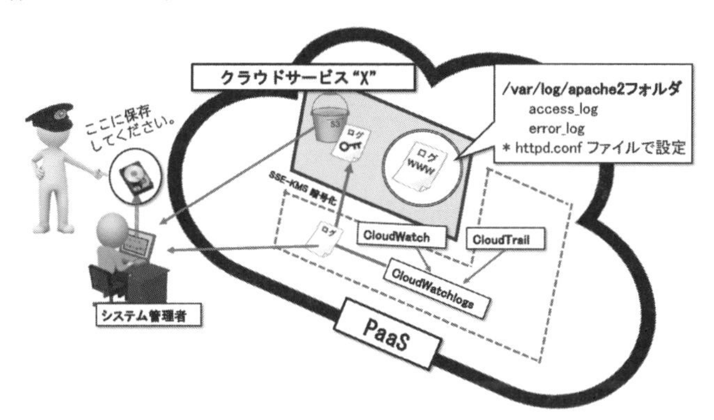

例えば、AWSを利用してアプリを開発し、クラウドサービス“X”として提供しているPaaS利用企業があると仮定しましょう。

AWSのCloudTrailやCloudWatch等により“X”が利用するAWSアプリの状況は、CloudWatch Logs等で保存されますが、このログデータは暗号化されて“X”のバケツ（S3）に転送するように設定することも可能です。

また、“X”がAWSのEC2を利用してWebサーバ（Apache）を構築している場合には、アクセスログやエラーログが設定ファイル（httpd.conf）の記述に従い、指定ディレクトリに保存されることになります。

このように、PaaS事業者（AWS等）のデータを収集する場合（＊a）とクラウドサービス“X”が管理するデータを収集する場合（＊b）とに分けて、必要なデータを収集・保全する際の一般的な手順を以下に示します。

＊a　PaaS事業者（AWS等）のデータを収集する場合

この場合には、PaaSサービス事業者（AWS等）が提供するログ収集機能（CloudTrail等）利用が可能であることが前提条件となります。

① 対象アカウント（“X”のシステム管理者等）でログインする。
② ログ収集機能の管理画面等にアクセスする。
③ 必要な期間、ログ種別等によりフィルタリングを行う。
④ エクスポート先（外付けHDD等の媒体）を指定する。
⑤ エクスポートを実行する。
⑥ 目的データが取得できていることを確認する（エクスポート時ログ等から）。
⑦ 取得データのハッシュ値を算出する。

＊b　クラウドサービス“X”が管理するデータを収集する場合

① 対象のアカウントでログインする。
② ログ保管フォルダに移動する。
③ エクスポート先（外付けHDD等の媒体）を指定する。
④ 目的のログファイル等をエクスポートする。
⑤ 目的データが取得できていることを確認する（エクスポート時ログ等から）。
⑥ 取得データのハッシュ値を算出する。

＊aと＊bの違いは、ログが保存されているディレクトリ（フォルダ）に移動する、というコマンドライン等の操作が必要かどうか、ということですが、このログ保存ディレクトリ等は設定ファイルに記述されており、デフォルト設定の保管場所とは異なる場合があります。また手順についても、サービス／アプリにより異なっていますので、作業の際は各サービスのマニュアルに従う、あるいはクラウドサービス“X”のシステム管理者等から当該保存場所

等に関する情報を的確に聴取する必要があります。

5.2.2.1 AWS（Lambda）のデータイベントログファイルの保全手順（例）

2.1.2でサーバレスコンピューティングサービスについては説明していますが、AWS Lambdaは発生イベントに応じてコードを実行し、利用者に代わりAWSが状況に応じてサーバ等のリソースを準備するもので、**FaaS（Function as a Service）サービス**と呼ばれることもあります。

「サーバレス」だから“サーバはない”のではなく、サーバ機能はクラウドサービス事業者が提供している、という点に留意する必要があります。

AWS LambdaはAWS CloudWatch（AWSリソースの監視と管理をリアルタイムで行うためのサービス）やAWS CloudTrail（ユーザーアクティビティと API の使用状況を記録するサービス）と連携し、AWS S3（ストレージを提供するサービス）に各種ログを保存することができます。

以下の例ではAWS S3上に保存されたAWS Lambdaのログデータを保全する方法について紹介しています。

［前提条件］
- 保全対象のAWSアカウントを保有していること。
- AWS Lambdaのデータイベントログが有効になっており、Lambdaデータログの格納バケットが既知であること。
- ログをダウンロードするローカルPCにAWSコマンドラインインターフェイス（CLI）が利用可能な環境が構築されており、IAMユーザー設定が完了していること。
  （AWSCLIのインストール手順については次のURLを参照のこと。
  https://docs.aws.amazon.com/ja_jp/cli/latest/userguide/getting-started-install.html）

① ローカルPCからコマンドプロンプトを開き、次のAWSコマンドを実行します。

aws s3 cp s3://［保全対象バケット名］/［エクスポート先パス名］- -recursive

下の図ではログの格納バケット名が「aws-cloudtrail-logs-870598266933-683418cf」であり、エクスポート先パス名を「C:¥Users¥aos3¥Downloads¥Lambda_Log」として実行した場合を表示しています。

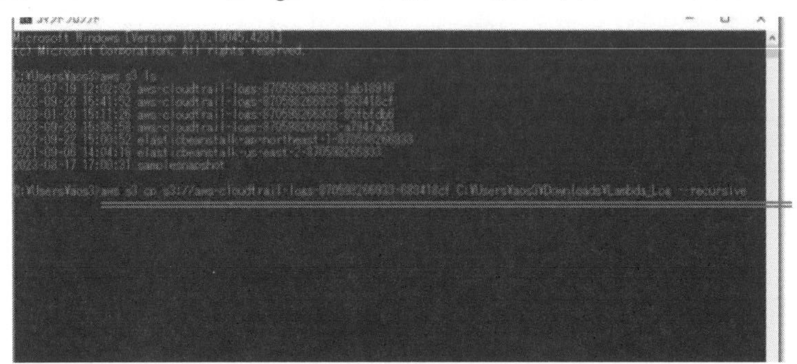

② コマンドを実行するとgz形式で圧縮されたjsonファイルがダウンロードされます。

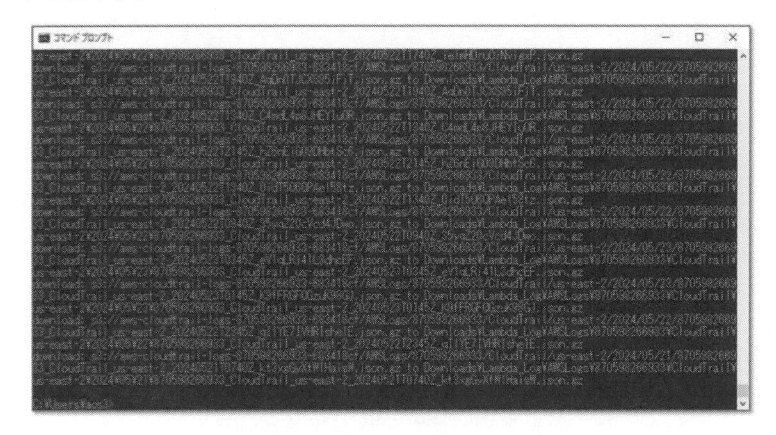

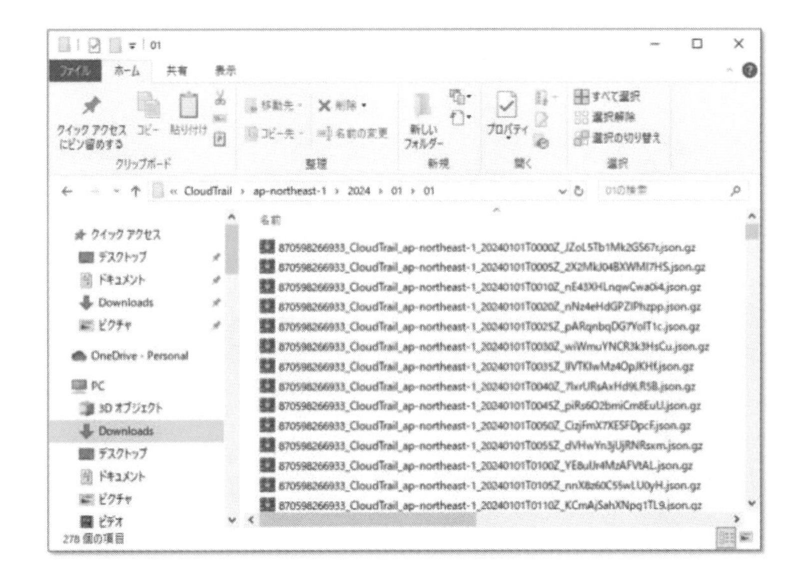

5.2.3 IaaSの場合

IaaSの例としては、AWSのAmazon Elastic Compute Cloud（EC2）、Microsoft Azureの仮想（バーチャル）マシン、Google CloudのGoogle Compute Engine等があります。

本章の最初で、**"スナップショット"**の取得等について説明しましたが、IaaSの場合には、クラウド基盤のハードウェア等のみを利用し、残りのサーバや仮想OS、開発環境等についてはクラウド利用者側が構築するという、ユーザにとっては自由度の高いシステムが構築できる仕組みとなっています。

例えば、AWSのEC2にWebサーバをインストールしようとする場合、**Apache**や**nginx**、Windowsでは**IIS**等、慣れたサーバをインストールして利用することが可能です。

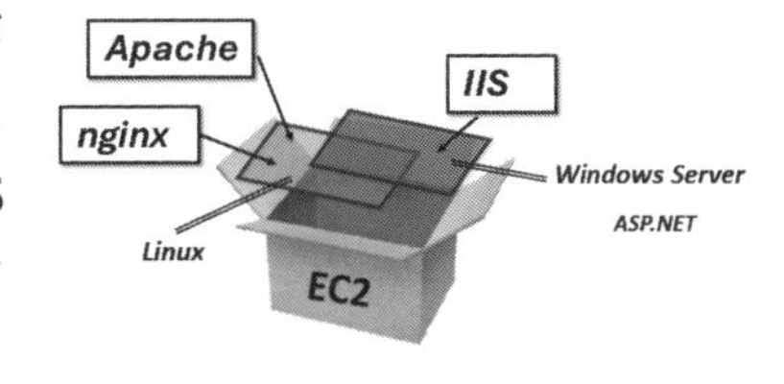

IaaSやPaaS、SaaSを比較するために、住宅の場合、比喩的にSaaSは「家具一式が備わったマンション」、PaaSは「間取りや内装等をあらかじめ選べ

る建売住宅」、IaaSは（予算等の制約がなければ）「間取り・デザイン、材質・建築方法を好きに選べる注文建築」等と表現することもあるようですが、中身が一緒のSaaSなら不要でもIaaSやPaaSではクラウドの事案等発生状況を正確に把握するために**“スナップショット”**の取得により被害時点における状況を保全することは重要です。

○スナップショットの取得方法

AWS（EC2）の場合には、EC2コンソールから稼働中のインスタンスを停止させて、対象ボリューム（Amazon Elastic Block Store：（Amazon EBS））を選択し、スナップショットを作成します。

Azureの仮想マシンの場合には、スナップショットを取得する仮想マシン（VM）を停止し、ディスク名を指定してスナップショットを作成します。

Google Cloud のCompute Engine ディスクの場合、Windowsならば、Windows Server インスタンスにアタッチされているディスクの場合は、VSS（ボリューム シャドーコピー サービス）を用いてスナップショットを作成します。Linuxでは、**guest-flush オプション**を有効（VSS を使用してデータをフラッシュする。）にして、snapshotコマンドを入力することにより、スナップショットを作成することが可能となります。

証拠保全の観点から、あるいはバックアップの観点からも、スナップショットが改ざんされることは防止しなければなりません。

Amazon EBSの場合には、EBS スナップショットが WORM（Write-Once-Read-Many）準拠の形式で保存可能で、Snapshot Lock 機能を有しているため、偶発的あるいは悪意のある削除操作から保護されています。

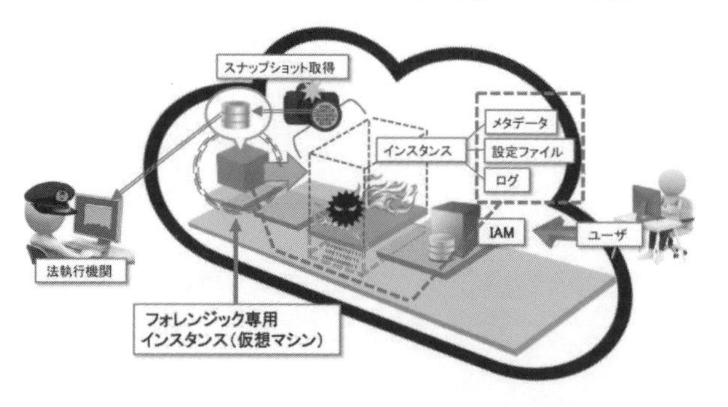

また、ディスク用OSのNetApp ONTAP（9.12.1以降）を用いている場合には、Snapshotコピーをロックして、外部からのサイバー攻撃やマルウェアによる攻撃、誤操作等による削除を防止することが可能となっています。

○フォレンジック（調査）専用インスタンスの用意

マンション等の一居室等で事案等が発生した場合、同一マンション等に現地指揮所等が設営できれば、情報収集や証拠品等の押収等の作業も容易ですが、これと同様にツールを用いてデータを収集したり、証拠データの一時保管を行うためのフォレンジック（調査）専用のインスタンス（仮想マシン）を用意することにより、効率的な情報収集を行うことが可能となります。

○IaaSデータの保全手順

これらを踏まえたIaaSの場合の一般化した手順例を示します。

① 対象ディスクのスナップショットを作成する。

② 保全用（フォレンジック／調査用）のインスタンス（仮想マシン）を用意・起動し、メモリやスナップショットのデータ（ボリュームイメージ）をアタッチして調査を開始する。

③ 保全用（フォレンジック／調査用）のインスタンス（仮想マシン）において保全用ツールを起動し、対象インスタンスのメタデータやログデータ等を収集する。

④ 保全に必要なイメージファイルを作成しダウンロードする。

クラウドサービスの形態や契約条件によっては、このような手順で作業を行うことが困難な場合がありますので、実際にはその時の環境に合わせた最良の方法を検討して採用することが求められます。

＊作業例：

- 調査用インスタンスにSSH接続し、ddコマンド等を使用してイメージファイルを作成する。
- 必要イメージファイル等をダウンロード（scp等によるファイル転送）する。

＊調査・保全の作業手順（例）

クラウドサービスがサイバー攻撃を受けて機能が停止する、設定の不備により個人情報等が流出するなどの事案が発生した場合には、当該クラウドサービスのデータや設定ファイル等を取得するだけでなく、場合に応じてクラウド基盤としてのパブリッククラウド事業者のログ等を入手する必要があります。

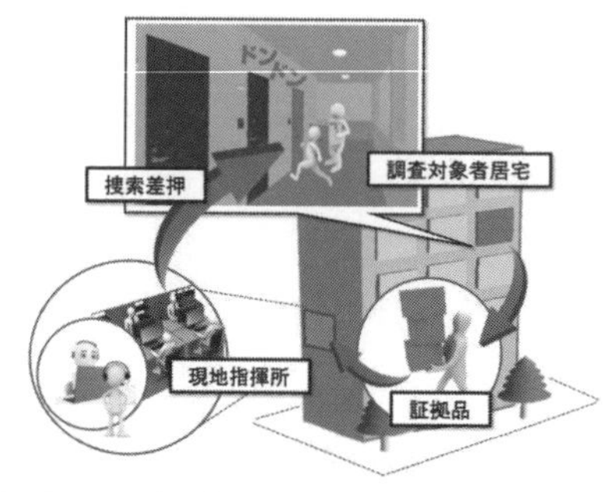

このような一連の作業を行うためには、クラウド上での情報収集や分析のための専用インスタンスの確保やツール・ログ収集サービス等の活用だけでなく、クラウドから捜査（調査）担当者が適切な手法によりダウンロードしたデータを公判廷等に備えて保全（保存）するとともに、適切に複写した電磁的記録媒体を用いて解析作業を行わなければなりませんし、その解析作業用のツールの準備も必要となります。

これらの一連の流れをまとめたものを次図に示しておきます。

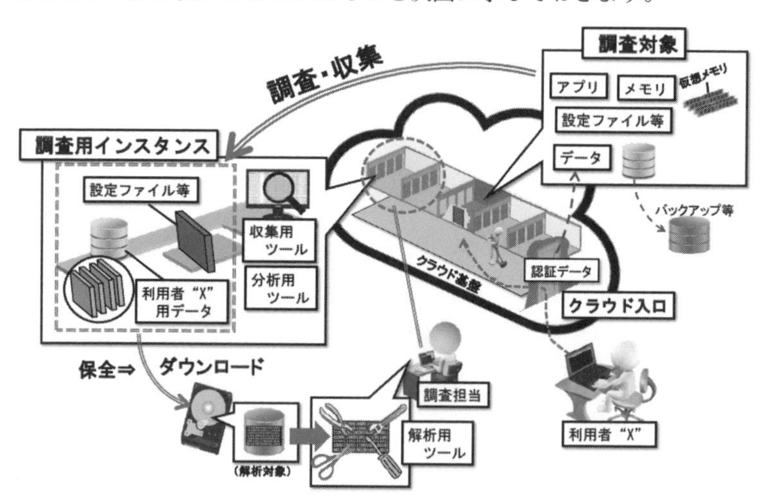

また時系列的な視点では、最初にインターネットを経由して、複数の関連するクラウドの状況等を調査し、次に、攻撃被害等が発生しているクラウドの中に調査用インスタンスを根城として確保し、ここを拠点にクラウド内の必要データを収集する、次いで必要証拠データ等を抽出して調査用インスタンス内にまとめ、これを端末にダウンロードして、複写等を行った後に「解

析」を行う、と手順をしっかりと頭に入れて調査／情報収集の作業を行うことが重要です。

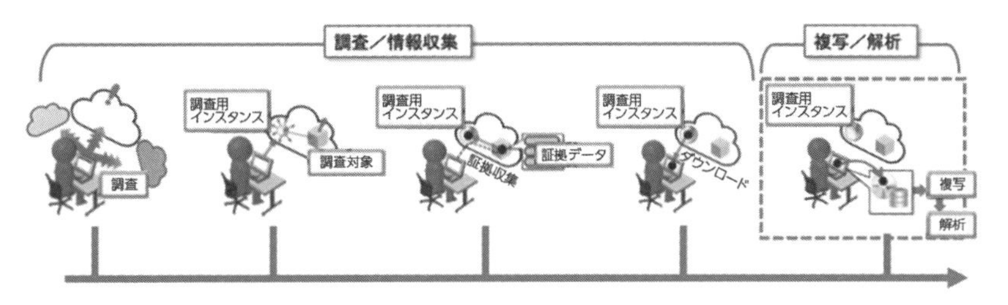

「複写/解析」の流れ等については、次章で説明します。

正しい手続による情報収集を遵守

Point!

クラウドサービスの利用に際しては、そのクラウドの利用者がアクセスできる範囲が決まっています。

例えば、AWSのユーザーロールは、「管理者」、「パワーユーザー」、「ユーザー」、「ゲストユーザー」等に区分されていて、アクセス可能な範囲が定められています。

PaaSやIaaSが構築したサーバ等へのアクセスのみならず、AWS（アマゾン）自体への照会等が必要なログ／データに関しては、必要な許可状等を得てアクセスしなければならないことに十分留意する必要があります。

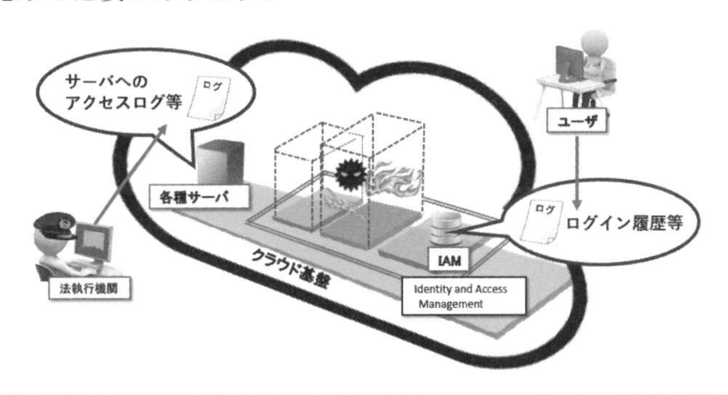

以下、本章では、代表的な３パブリッククラウドにおけるフォレンジック作業例を示します。

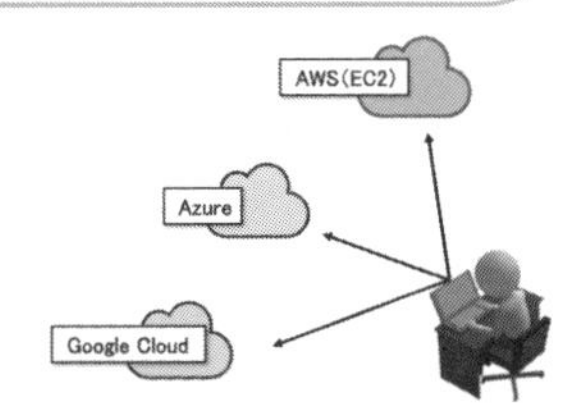

5.2.3.1 AWS（EC2）

AWS EC2はクラウド上でスケーラブルな仮想サーバを提供するサービスです。次の図のように、EC2インスタンスにおいて被害が発生した場合の調査（捜査）を行う、という事例を想定し、その被害状況等の保全（調査対象インスタンスのボリュームを保全作業用インスタンスにマウントしてディスクイメージを作成する。）を実施する際の手順例を説明します。

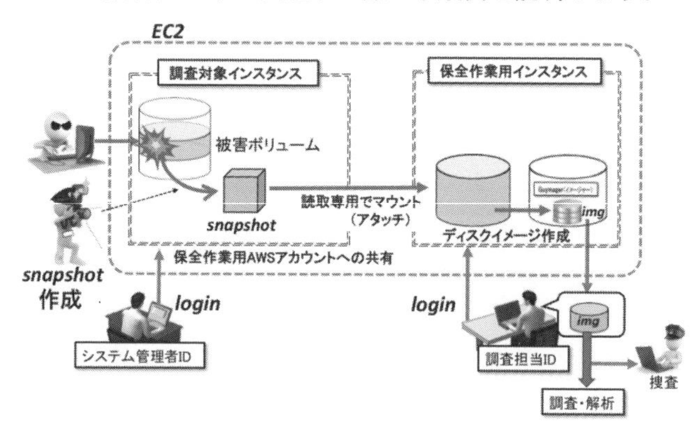

【前提条件】
調査対象のAWSアカウントを保有していること。

【保全作業用インスタンスの事前準備】

①デスクトップ環境の設定

```
sudo add-apt-repository ppa:gnome3-team/gnome3
sudo apt install gnome-shell ubuntu-gnome-desktop
```

②xrdp（リモートデスクトップ接続用ツール）のインストールと有効化

```
sudo apt install xrdp
sudo systemctl enable xrdp
```

③Guymager（フォレンジックイメージングツール）のインストール

```
sudo apt install guymager
```

ここで、xrdpは Microsoft RDPプロトコルに対応したオープンソースのサーバです。このサーバをクラウド上（保全作業用エリア：OSはLinux）にインストールしておくことにより、Windows端末からクラウドに安全に接続できるようになります。ローカルのWindows端末にはクライアントソフト等を別途インストールする必要もありません。

xrdpはポート3389を使用しますので、解放しておく必要があります。

XRDPは“X Remote Desktop Protocol”の意味です。

またGuymagerは、Linuxにインストールして使用するディスクイメージ取得用のツールを指します。

【保全手順】

① スナップショットの作成

以下の説明ではインスタンスを停止せずにスナップショットを作成しています。

インスタンスを停止することが可能な場合には、状態の更なる変化を防止するため停止する方が適切かもしれませんが、インスタンスを停止することにより揮発するデータもあります（4.6.2 揮発性情報の表**「インスタンスの状態変化に伴い揮発する情報」**参照）ので、注意が必要です。

（ア） 調査対象のAWSアカウントにログインしElastic Block Storeの「ボリューム」を選択し、調査対象のボリュームにチェックを入れ、「アクション」のプルダウンメニューから「スナップショットの作成」を選択します。

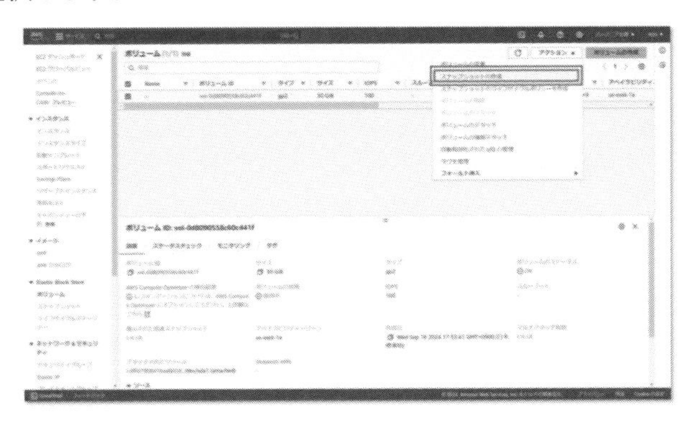

（イ） スナップショットの作成画面が表示されますので「スナップショットの作成」をクリックします。

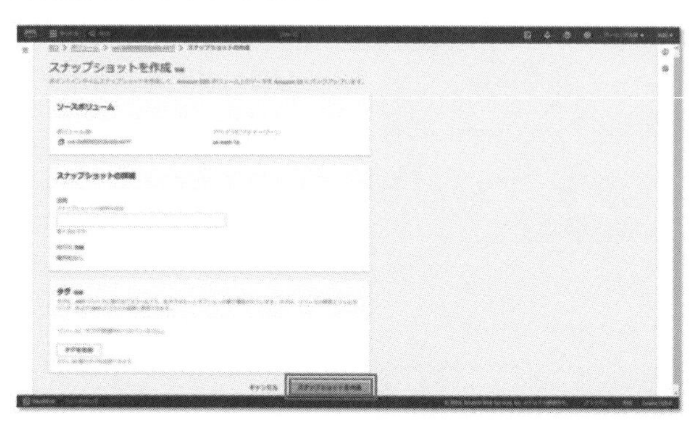

（ウ） スナップショットが正常に作成されたメッセージが表示されますので、作成されたスナップショットIDの値を確認します。

② 保全作業用AWSアカウントへの共有

調査対象AWSアカウントによりElastic Block Storeから「スナップショット」を選択し、①で作成した調査対象スナップショットを選択します。

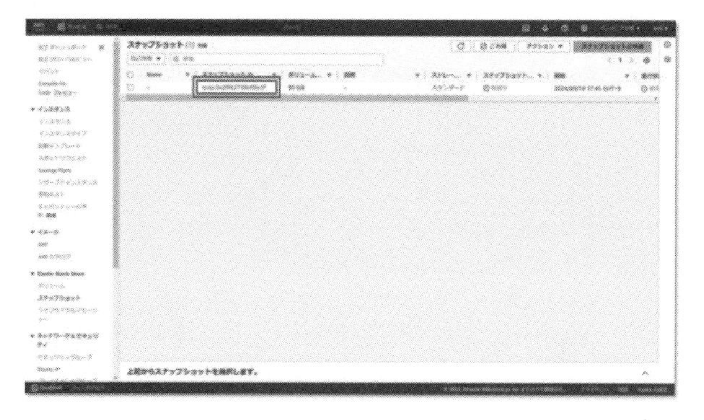

（ア）　スナップショット画面下部の「アクセス権限を変更」を選択します。

（イ）　画面下部の「アカウントを追加」を選択します。

（ウ）　保全作業用AWSアカウントのアカウントIDを入力し、「追加」をクリックします 。

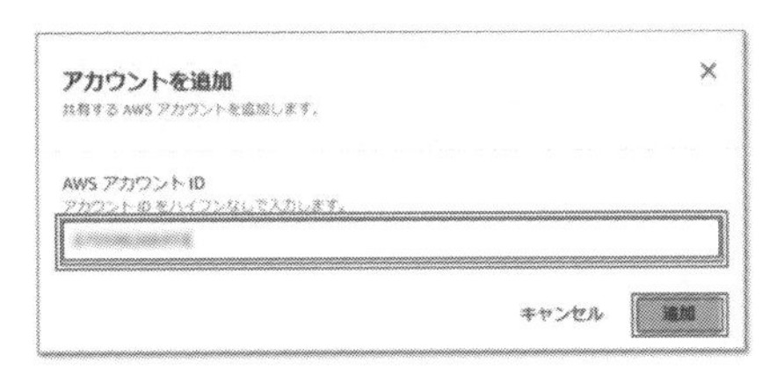

（エ）「アクセス許可を変更」を選択します。

③　スナップショットからボリューム生成

（ア）　保全作業用AWSアカウントによりElastic Block Storeから「ボリュームの作成」をクリックします。

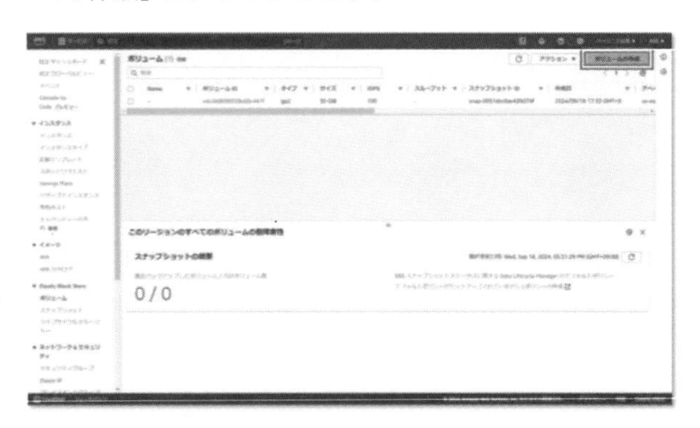

（イ）　調査対象のスナップショットID（上の①で確認したもの）を選択し、「ボリュームの作成」をクリックします。「サイズ」は調査対象ボリューム（スナップショットの生成元）と同サイズを指定します。

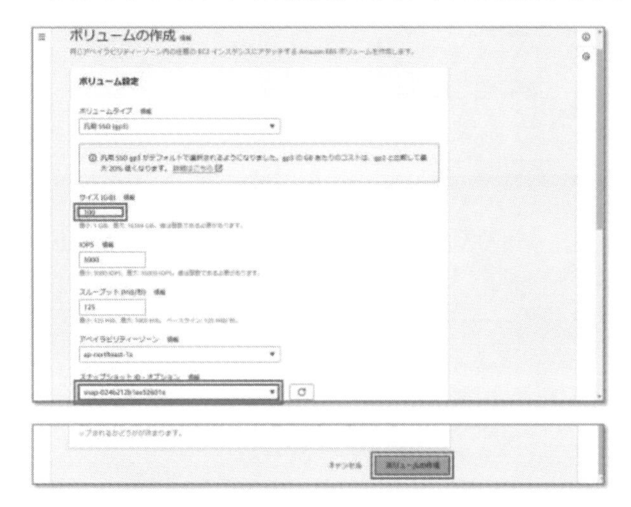

（ウ）　ボリュームが正常に作成されたメッセージが表示されるので、ボリュームIDの値を確認してください。

④ ボリュームのアタッチ

（ア） 保全作業用AWSアカウントの「ボリューム」のリストから③で作成したボリュームにチェックを入れ、「アクション」のプルダウンメニューから「ボリュームのアタッチ」を選択します。

（イ） 保全作業用インスタンスのインスタンスIDとこのインスタンス内で使用するデバイス名を指定し「ボリュームのアタッチ」を選択すると、ボリュームが正常にアタッチされた場合にはその旨のメッセージが表示されます。

なお、ボリュームの内容が変化・破損することを防止するため、アタッチしたボリュームに対して書き込みが行われないよう、書込可能でのマウントは行わないでください。

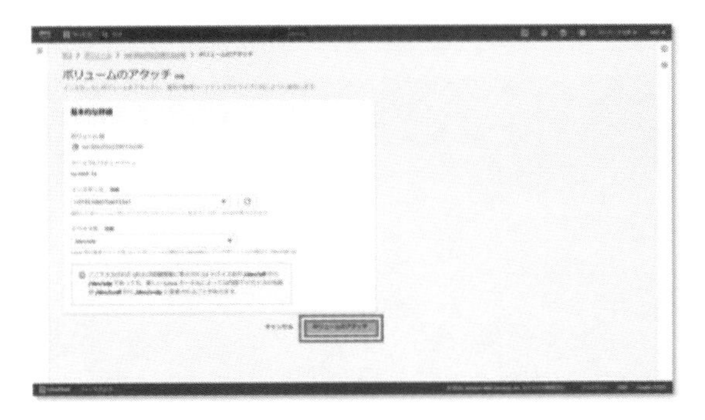

⑤ イメージングツール（Guymager）の実行

（ア） ローカルPCから保全作業用インスタンスにリモートデスクトップ（RDP）接続を行います。接続先にインスタンスの「パブリックIPv4アドレス」を指定して接続します。

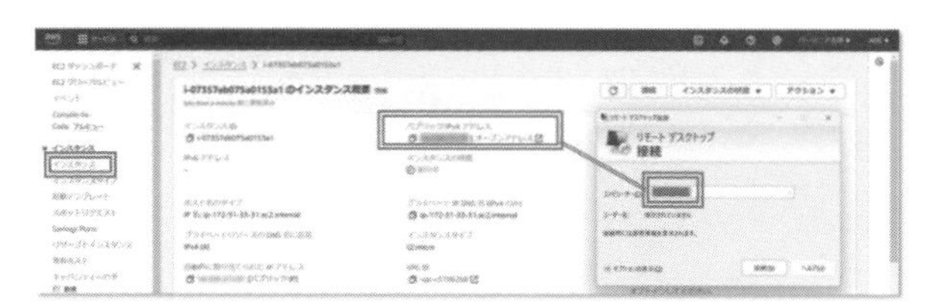

（イ） xrdp接続画面において、保全用仮想PCのアカウント名及びパスワードを入力しログオンします。

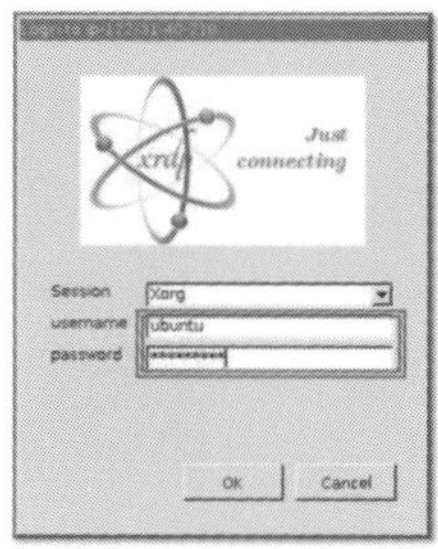

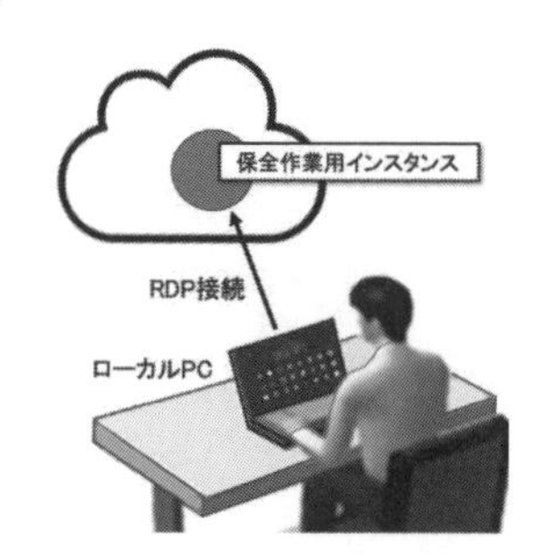

（Apach ソフトウェア財団）

（ウ） デスクトップメニューからGuymagerを起動します。

（「Ubuntu」のデスクトップ画面）

（エ） デバイスリストから調査対象デバイス（調査対象のスナップショットから生成されアタッチされたボリューム）を選択し、右クリックで表示されるメニューから「Acquire image」を選択します。

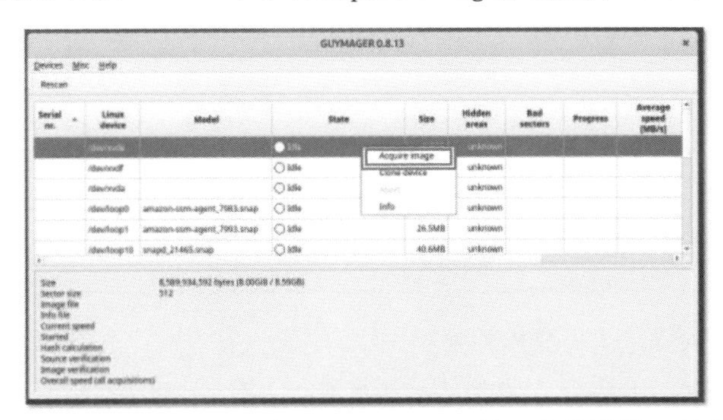

（オ） ケースナンバー、エビデンスナンバー等の案件情報、調査イメージのファイル形式、ファイル分割サイズ、保存場所、ファイル名称及び取得するハッシュ値の種類等の情報を入力し「Start」ボタンをクリックしてイメージファイルの作成を開始します。

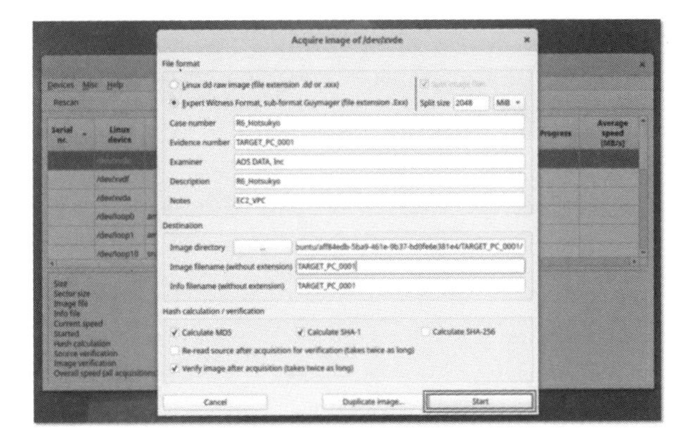

（カ） 調査イメージファイルの作成が完了すると、指定した格納場所にイメージファイルと保全ログ（.info）が格納されます。

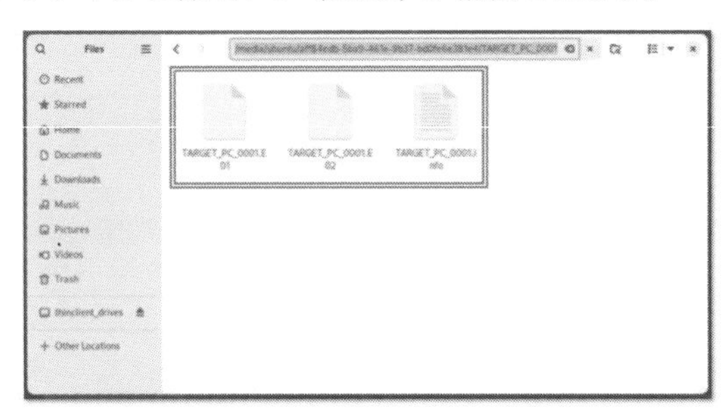

⑥ イメージファイルのダウンロード

（ア） ローカルPCでWinSCPを起動後、ログイン画面にて保全作業用インスタンスへのログイン情報（転送プロトコル：SCP。ホスト名：保全作業用インスタンスのパブリック IPv4 DNS、ポート番号：22、ユーザ名/パスワード：設定したもの）を入力し「ログイン」を選択します。

このWinSCPはオープンソースのWindowsソフトで、データを暗号化してファイル転送を行うSSHクライアントソフトウェアで、Amazon S3 やWebDAV等への接続も可能なため、サーバ等とのセキュアなファイル転送に利用されています。

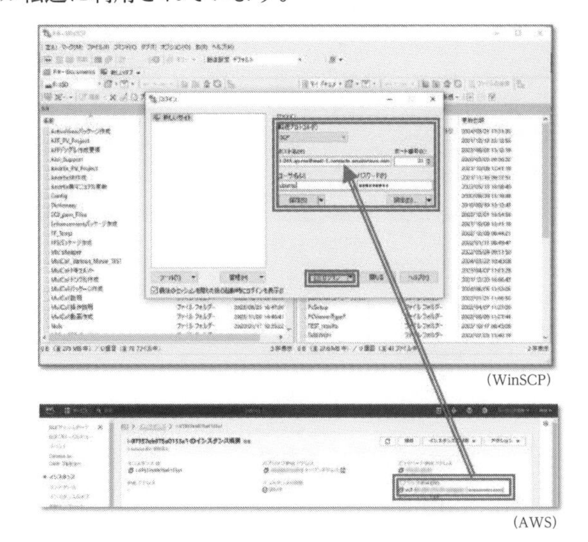

（WinSCP）

（AWS）

（イ）　ログイン後、左ペインにローカルPCのダウンロード先フォルダ（外付けHDDを推奨）、右ペインに保全作業用インスタンス調査対象イメージファイルの保存フォルダを表示し、対象ファイルをドラッグアンドドロップでコピーすることによりダウンロードします。

（WinSCP）

（ウ）　ダウンロード状況はプログレスバーで表示されます。

（WinSCP）

仮想環境の作業も多いので、リモート作業に慣れていないと不安に感じることがあるかもしれませんので、事前の習熟訓練等が重要となります。

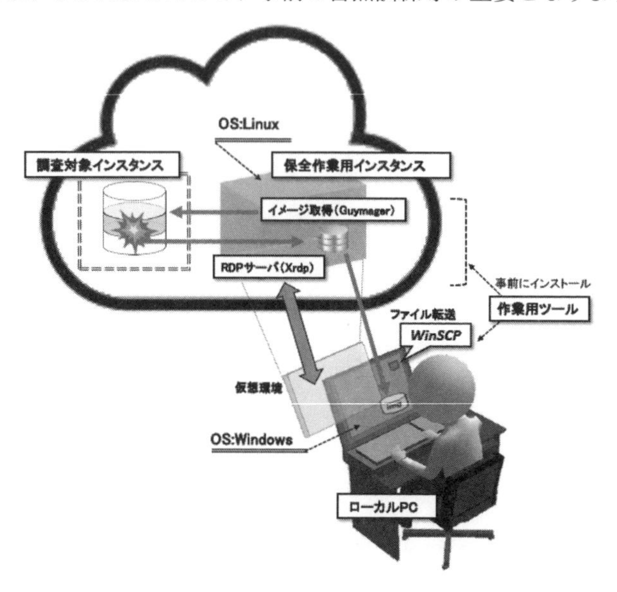

5.2.3.2 Microsoft Azure

Microsoft Azureは、AWS EC2同様、クラウド上で仮想サーバを提供するサービスです。以下では、次の図に示すようにAzure上のバーチャルマシンにおいて障害等が発生した場合を想定し、その解析のためスナップショットを作成しローカルPCにダウンロードする際の手順例について説明します。

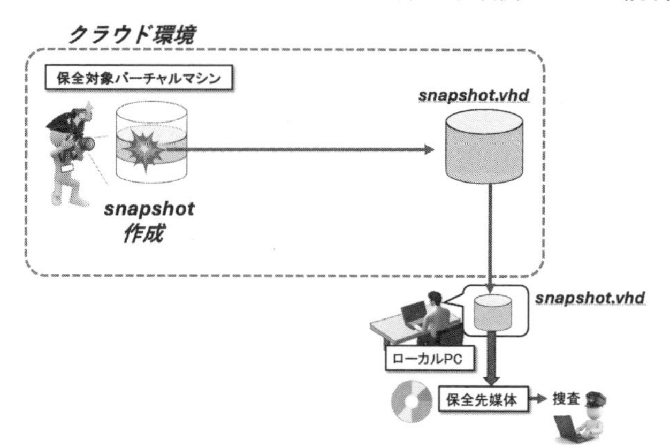

【前提条件】

　保全対象のMicrosoft Azureアカウントを保有し、保全対象バーチャルマシンのスナップショットを取得してVHDファイルとして保存しているものとする。

　（**VHD（Virtual Hard Disk）**ファイルは、主として、Hyper-V 仮想マシンで利用されるディスクイメージで、ストレージ領域を先頭から順次、そのまま写し取った構造となっている。）

①　ブラウザからAzurePortalへ接続し、保全対象仮想マシンのディスク管理から「ディスクのエクスポート」画面を開き、「URLの生成」を選択してディスクのエクスポートとダウンロード用のURLを生成します。

②　「VHDファイルのダウンロード」をクリックし、VHDファイルのダウンロードを開始します。ダウンロードされるVHDファイル名は拡張子なしの「abcd」となっています。

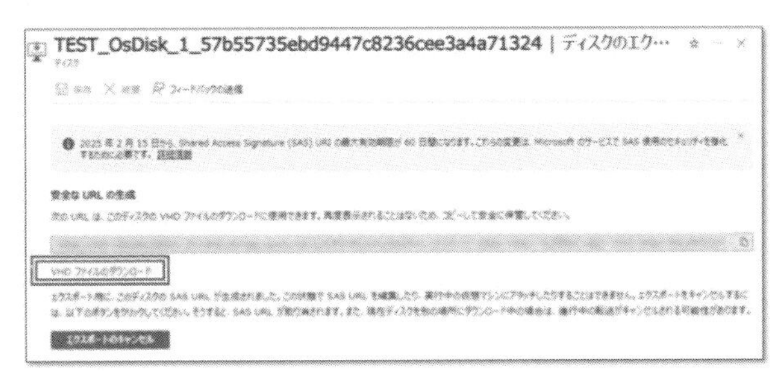

③ ローカルPCにダウンロードしたVHDイメージファイルを用いて、フォレンジック・ツールにより、証拠保全やメモリダンプ等の解析作業を実施します。

解析作業前の注意！

Microsoft Azureだけでなく、Amazon AWSやGoogle Cloudのデータを解析する際には、証拠保全の観点から、作業開始前に複写を行い、原本を保管した上で複写した媒体を用いて解析作業を行うよう留意する必要があります。

5.2.3.3 Google Cloud

Google Cloudにおいては、クラウド上で発生したイベント等に関するログを転送する仕組みとして「ログルーター」という機能があり、これを利用してログ転送の制御を行う仕組みは「シンク（sink）」と呼ばれています。

シンクを利用することによりCloud Loggingに保存されたログをCloud Storage等に転送することが可能となります。

Google Cloudプロジェクトには、あらかじめ「_Required」と「_Default」の2つのシンクが作成されていて、_Requiredシンクから転送される_Requiredログバケットには次のような監査系のログが含まれ、_Defaultログバケットには、これら以外のログが保存されています。

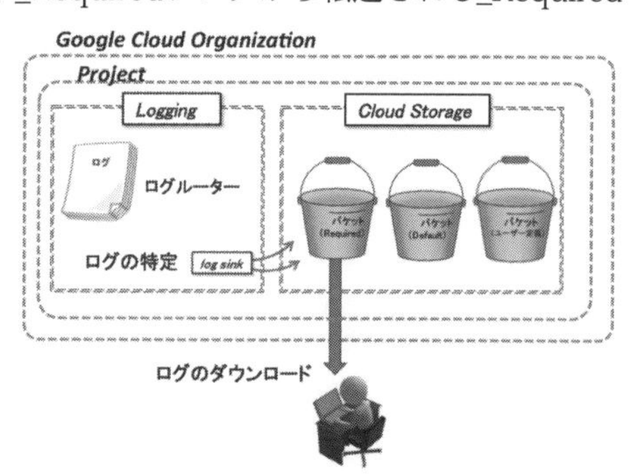

管理アクティビティ監査ログ

システムイベント監査ログ

Google Workspace管理者監査ログ

Enterpriseグループ監査ログ

ログインの監査ログ

それでは、これらのログをダウンロード・保全する手順はどうでしょうか？

【前提条件】

「ロギング管理者（roles/logging.admin）」又は「ログ表示アクセス者（roles/logging.viewAccessor）」のロールが付与されたアカウントが利用可能であること。

① ログの特定

（ア） Google Cloudにログイン（https://console.cloud.google.com/）し、コンソール画面で保全対象となるログのプロジェクトを選択します。

（イ） 検索フィールドで「ログルーター」と入力し、検索結果から「ログルーター」をクリックします。

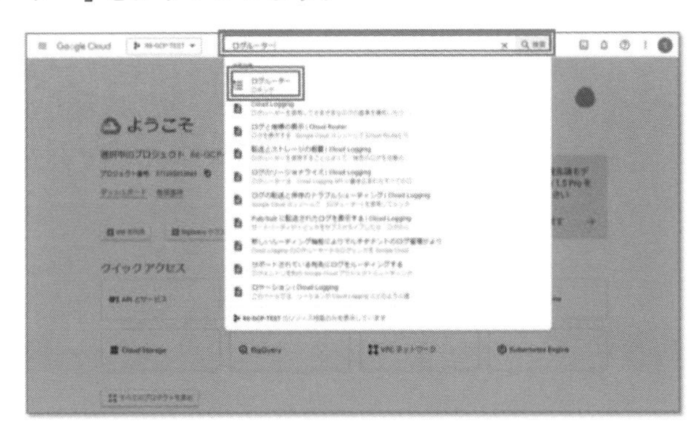

（ウ） ログルーター画面が開きますので、保全対象となるシンク（ログの振り分けをするコンポーネント）の「名前」及び「送信先」を確認します。

「_Required」と「_Default」の２つのシンクには、それぞれ次表のログが記録されています。

ユーザにより新たにシンクを定義することも可能ですので、ログルーター上でどのようなシンクが設定されているのかを確認し、収集対象ログの特定を行います。

以下は「_Required」のログが保全対象であるとして手順を説明します。

表 「シンクとログ種別」

シンク種別	ログ種別（一例）	内容
_Required （保存期間400日）	管理アクティビティ監査	リソースに対する更新系のAPIコール
	システムイベント監査	ユーザーではなくGoogle Cloudサービスによって行われたリソース構成変更
_Default （保存期間30日）	データアクセス監査	リソースに対する読取系のAPIコールやデータの作成・変更・読取のAPIコール
	ポリシー拒否監査	VPC Service Controls機能で拒否されたAPIコール

② ログのダウンロード

（ア） 検索フィールドに「ログエクスプローラ」と入力し、ログエクスプローラを起動します。

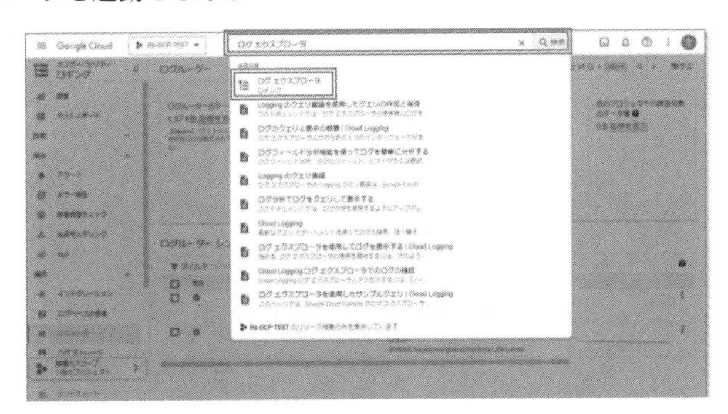

（イ） ログエクスプローラ画面が開きますので、「範囲を絞り込む」をクリックし、①で確認したシンク（ここでは「_Required」）に相当するログを選択し「適用」をクリックします。

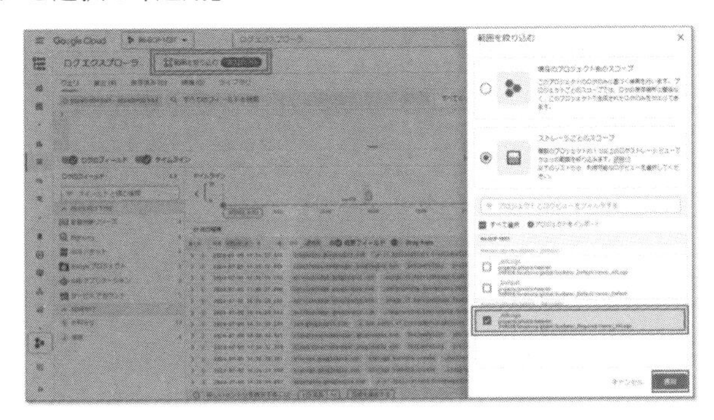

（ウ） 画面右側の「ダウンロード」ボタンをクリックすると「ログをダウンロード」ポップアップが表示されます。「最大ログエントリ数」及び「形式」を任意に設定し「ダウンロード」ボタンをクリックしてダウンロードを実施します。

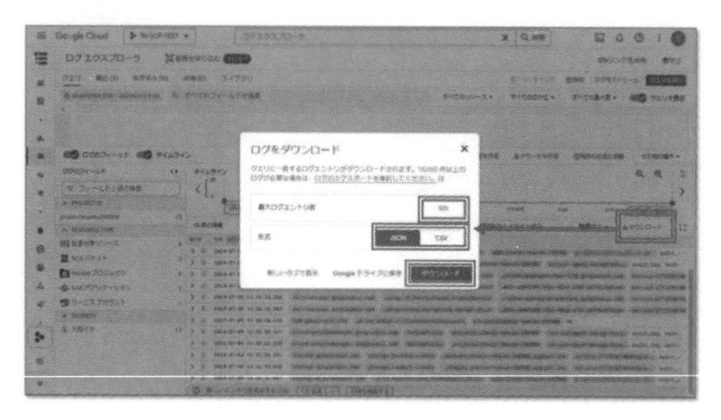

③ 解析作業

ダウンロードしたファイルを保全しツールにより必要な解析作業を実施します。

第6章 収集したデータの解析

6.1 フォレンジックの流れ

クラウドが関係する事件・インシデントに関して収集したデータを解析する手順は、押収した電磁的記録媒体の解析を行う場合と、それほど差異があるわけではありません。

ただ、物理的な媒体自体の差押えを行う場合と比べて、中に記録されているデータが、クラウド上にあった時と同一である、ということが明確となるよう、正しい手続で取得されたものか、ということが訴訟対応時等に問題とならないよう、適切な手順により行うことが必要となります。

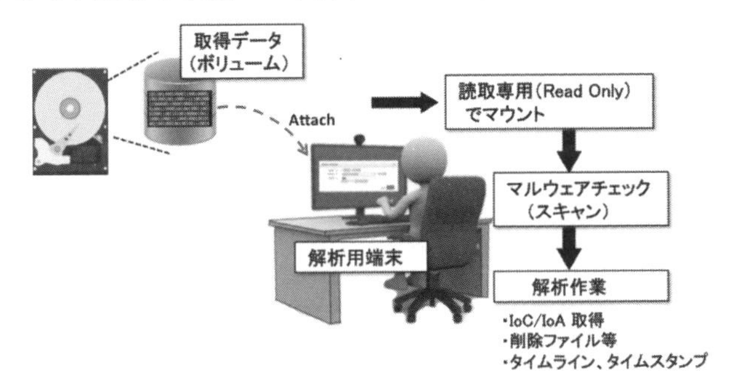

電磁的記録の解析やデジタル・フォレンジックの詳細な手順や手法については、最近ではサイバー・インシデントの増加と共に、様々な書籍や文献、Webサイト等も増加していますので、そちらを参考にしていただきたいと思います。

基本的な手法としては次のものがあります。

① 証拠データの保全

・書き込み禁止措置（ReadOnly）

（AWSのS3では、S3 Object LockやBackup Vault Lock等、オブジ

ェクト削除・上書防止機能が利用できる場合には活用する。MFA Deleteを有効にすれば、削除時等に多要素認証が要求されるようになります。)

・ハッシュ値比較(原本性の確認)

等により、ダウンロード(複製)した証拠データが、改ざん・変更を受けていない、ということを確認した上で、複写(クローン化)された媒体を用いて解析調査を行います。

② マルウェア(コンピュータウイルス)チェック等

媒体等がマルウェア等により汚染されていないかのチェックを行います。また、サイバー攻撃等を受けた形跡がないかについても調査を行います。

IoC(Indicator of Compromise):侵害(攻撃)の兆候

IoA(Indicator of Attack):攻撃パターン(痕跡)

③ 解析(フォレンジック)

もともとのクラウドの構成・特徴等を考慮した上で、解析作業を行います。

事案等によっては、

・削除ファイルの復元、暗号化(パスワードロック)されたファイルの復号

・履歴(ログイン、Web/ファイル閲覧、ファイル作成タイムスタンプ等)

・内容調査(タイムライン調査、文字列検索等)

・その他(怪しい攻撃元、ユーザ(グループ)、IP、ファイル、スクリプト・クーロン処理、アプリ等の抽出)

クラウドの場合には、設定等の不備による脆弱性等も多いことから、各種アプリ、ミドルウェア等の設定が記述されているファイルを忘れずに取得・ダウンロードすることが望まれます。事業者によっては「**アーティファクト(Artifact)**」と称して、様々な概念のパッケージ、成果物・中間生成物等を利用することがあるので、設定やコンプライアンスに関係のある場合は取得することが必要です。

また、PaaS/IaaSの場合、パブリッククラウド等を利用してシステムを

構築し、サービスを提供している際には、当該クラウド基盤のセキュリティ関係のサービスの利用状況を把握し、当該サービスのログ（必要なアカウント・期間等による絞り込み）を入手する、外部のセキュリティベンダーと契約し、監視／保守サービスを委託している場合等には、当該契約の内容・検知履歴等についても入手することなども必要になるかもしれません。

○クラウド・フォレンジック用ツール

Cado Security社の「Cado Platform」等、商用ツールも登場していますが、情報収集や解析に関しては、クラウドベンダーの提供するサービスも含め種々のツールが利用されています。

パブリッククラウドの場合、

・AWS：CloudTrail
・Azure：Azure Security Center、Monitor Activity Log
・Google Cloud：Security Command Center、Cloud Monitoring、Forensics Utils

等のクラウドベンダーの提供サービスのほか、データ解析に関しては、The Sleuth Kit（TSK）やPlaso（log2timeline）、dfVFS（Digital Forensics Virtual File System）、AutopsyやEnCase Forensic、Forensic ToolKit（FTK）、DEFT（Digital Evidence & Forensic Toolkit）等の電磁的記録解析に利用されるツール、コマンド（dd/dc3ddや拡張版のdcfldd等）が利用されます。

また、多様なデータが解析のために必要となりますので、クラウド管理やフォレンジック作業を行う際に必要な「データ目録（一覧）、カタログ」等を作製する機能を有するソフトも用いられるようです（“インベントリ（inventory）”等とも呼ばれるようですが……）。

○封じ込め

インシデント対応においては、CIA（Confidentiality,Integrity and Availability）の観点から、サイバー攻撃等の原因や侵入経路、影響範囲の特定を行い、被害（感染）拡大の防止（隔離：Isolation）や封じ込め（Containment）、根絶・復旧を迅速に実施することも重要です。

6.2 ログ解析

クラウド・フォレンジックを行う際に、「ログ」の解析は重要な作業です。

主要なパブリッククラウドサービスであるAWSやAzure、Google Cloud等でも、ログ解析のためのサービスやツールは用意されていますが、残念ながら、その標準的な記録形式（フォーマット）は異なっています。

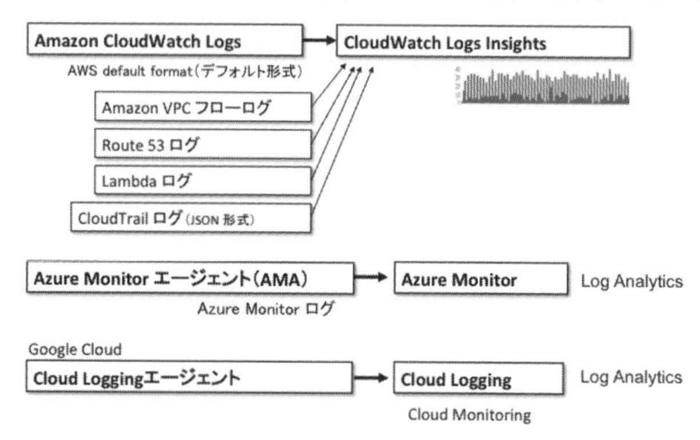

クラウドサービスのログで取り扱うことの多い文字列や数値を記述するためのフォーマットとしては、表計算でも利用されているような**CSV**（Comma-Separated Values：カンマ区切り）形式、同様にタブやスペースで区切って表記する**TSV**（Tab-Separated Values）形式、**SSV**（Space-Separated Values）形式のものや**XML**（Extensible Markup Language）、**YAML**（YAML Ain't Markup Language）、**JSON**（JavaScript Object Notation）等が用いられています。

JSON（ジェイソン）というと、我々年配者の中には**「13日の金曜日」**を想起する人がいるかもしれませんね。

JSONは、文字列の**解析や検索・抽出（パース：parse）**等が容易等、構造化データの取扱いに優れ、処理も軽く汎用的であることから、ログ等のデータ交換にも利用されます。このためパブリッククラウドベンダー等もログを

JSON形式で出力することを可能としていることが多く、マルチクラウドを利用している場合のシステムや運用状況の管理で利用されています。

以下、JSONを用いたログ等の利用・変換手順（例）を紹介します。

6.3 データ（JSON）の抽出・整形（作業例）

JSONの記述形式は、ダブルクォーテーション（""）で括った{"キー"："値"}のようにキーと値をセットとして表記します。キーと値の組合せが複数ある場合には、{"キー"："値１", "値２"}のようにカンマで区切るようになっています。

保存する際の拡張子は「.json」で、テキスト形式のデータなので、テキストエディタで閲覧したり検索したりすることが可能です。

JSON形式のデータは、例えば次のように表示されます。

```
{
    "name": "山田太郎",
    "age": 25,
    "address": {
        "city": "東京",
        "postalCode": "100-0001"
    },
    "hobbies": ["読書", "映画鑑賞", "旅行"]
}
```

JSONの主要ルールは次のとおりです。

◯形式：JSONデータはキーとデータのペアの集合であり、波括弧｛　｝で囲まれる。

◯キー：キーは常にダブルクォーテーション " で囲まれる文字列。

◯値　：値は次のいずれかの形式を取ることができる。

・文字列：ダブルクォーテーションで囲まれる。

・数値：整数又は浮動小数点数

・オブジェクト：別の名前と値のペアの集合。波括弧｛　｝で囲まれる。

・配列：値の順序付きリスト。角括弧 [ ] で囲まれる。

・真偽値：true 又は false

・null：null というキーワード

○カンマ：複数のキーとデータのペア、又は配列の要素はカンマ , で区切られる。

JSONはログをエクスポートする際に用いられますが、列数が固定であるようなCSV等の表形式のデータとは異なり、複雑な構造であっても柔軟に記述できるので、アプリの記述には便利な形式ですが、階層構造や可変長な配列が含まれている場合、複数行にわたるレコードが繰り返し記録される場合等には、人の目で確認していると、情報を見落とすリスクもあり、手間がかかるストレスの高い業務です。

ネットワークやシステムのイベントログを収集し、インシデントの迅速な発見と対応を行うために**SIEM（Security Information and Event Management）**等のシステムを導入している場合には、それを利用することも考慮します。

また、既存ツールやコマンドを組み合わせて対応する場合の手法（例）は次のとおりです。

6.3.1 表形式への変換

視覚的に理解しやすいように“可視化”を行うために、表形式へ変換することを考えてみます。

```
{
    "種類": "りんご",
    "1kgあたりの金額": 1000,
    "主な産地": ["青森", "長野", "岩手"]
},
{
    "種類": "みかん",
    "1kgあたりの金額": 500,
    "主な産地": ["和歌山", "愛媛"]
},
{
    "種類": "イチゴ",
    "1kgあたりの金額": 2300,
    "主な産地": ["栃木", "福岡", "静岡", "熊本", "長崎", "愛知"]
},
{
    "種類": "スイカ",
    "1kgあたりの金額": 500,
    "主な産地": ["熊本", "千葉"]
},
{
    "種類": "メロン",
    "1kgあたりの金額": 600,
    "主な産地": ["茨城", "熊本", "北海道"]
}
```

上の例のデータを表形式に変換する場合、「主な産地」が複数ありますので、表形式に変換するには、次のようなアプローチ手法を考えてみます。

- **レコードと要素が1対1であることが保証されているデータを1列とする。**
- **1レコードに複数個存在する可能性のあるデータは列を分けず1列とする。**

この場合、表形式に変換して表すと次のようになります。

種類	1kgあたりの金額	主な産地
りんご	1000	青森、長野、岩手
みかん	500	和歌山、愛媛
イチゴ	2300	栃木、福岡、静岡、熊本、長崎、愛知
スイカ	500	熊本、千葉
メロン	600	茨城、熊本、北海道

例として挙げた配列以外にも、レコードが階層構造となっている場合やレコードによって存在しない要素がある場合、複数のJSONファイルにまたがって関連データがある場合もあり、そのまま表形式へ変換することが難しい場合もありますので、その際には、別の手法で整理する必要があります。

6.3.2 Grepコマンド・機能

フォレンジック作業を行う際に、特定の情報を抽出して収集するためには、LinuxのGrepコマンドやWindowsのGrep機能があるテキストエディタ等が用いられます。

これらは大抵の場合、正規表現が使用できますので、抽出条件が明確な場合には有効なのですが、CLI（コマンドライン入力）に慣れていないと操作が難しいかもしれません。

JSON形式で記述された次のログデータ（sample.json）の中から、LinuxのGrepコマンドを用いてtimestampのデータを抽出する際のコマンド操作例は次ページ図のとおりです。

```
[
    {
        "recordId": 1,
        "timestamp": "2023-10-04T09:05:23Z",
        "event": "UserLogin",
        "details": "ユーザーAがログインしました。"
    },
    {
        "recordId": 2,
        "timestamp": "2023-10-04T09:15:47Z",
        "event": "FileUpload",
        "details": "ユーザーBがdocument.txtをアップロードしました。"
    },
    {
        "recordId": 3,
        "timestamp": "2023-10-04T09:32:10Z",
        "event": "DataUpdate",
        "details": "ユーザーCがデータベースのレコードを更新しました。"
    },
    {
        "recordId": 4,
        "timestamp": "2023-10-04T09:45:55Z",
        "event": "UserLogout",
        "details": "ユーザーAがログアウトしました。"
    },
    {
```

```
$ grep -oP '(?<="timestamp":\s")[^"]*' sample.json
2023-10-04T09:05:23Z
2023-10-04T09:15:47Z
2023-10-04T09:32:10Z
2023-10-04T09:45:55Z
2023-10-04T09:58:31Z
```

ただし、複雑なデータ構造の場合は対応しきれない場合があります。

6.3.3 スクリプトを使用した解析

JSONは、もともと”JavaScript Object Notation”という名前のとおり、JavaScriptとの相性が良く、JSONを扱うための手法として「JSON.parse」メソッドがあります。

JSON形式の文字列をJavaScriptオブジェクトに変換することができるので、簡単に“パース”することができます。

例えば、

```
const jsonString =
'[{"No":1001,"name":"Yamada Taro","Point":[100,75,80],"Passed":true}]';

const parsedData = JSON.parse(jsonString);

console.log("No : " + parsedData[0].No + ", Name : " + parsedData[0].name);
```

というスクリプトを実行した結果は、

```
No : 1001, Name : Yamada Taro
```

となります。

多数のデータを扱う場合には、ループ処理や条件分岐によりフィルタをかけることにより様々な形で出力することが可能です。

コンソールへの出力だけでなく、成型してファイル出力することも可能です。

しかしながら、Grep等の方法に比べると、工数が多く、しかも構造によっては毎回カスタマイズが必要等のデメリットもあります。また、当然のことながらJavaScriptを記述・実行できるスキルも求められます。

なお、ここではJavaScriptを例に挙げましたが、PythonやC#等でも解析用のスクリプトを作成することは可能です。

その他のJSON用解析ツール

JSONデータを操作するための便利なコマンドラインツールとして"jq"があります。

"jq"を用いることにより、JSONデータのフィルタリングや変換・加工・整形等を行うことが可能となります。

Linux/FreeBSDだけでなく、macOSやWindowsでも利用することができます。

例えば上で説明したGrepコマンド利用の解析例で用いたsample.jsonファイルに対して、"jq"を用いてtimestampを抽出したい場合には、次のコマンドを実行します。

```
$ cat sample.json | jq '.[].timestamp'
2023-10-04T09:05:23Z
2023-10-04T09:15:47Z
2023-10-04T09:32:10Z
2023-10-04T09:45:55Z
2023-10-04T09:58:31Z
```

6.4 フォレンジック作業における留意事項

6.4.1 解析に必要(かつ十分)な情報の収集

クラウド上のデータを収集する際、特に法執行機関等が行う捜索・差押え等には、従来のデータセンターや企業等のサーバにおける情報収集とは勝手が異なり、様々な観点で留意すべき点がありますので、注意が必要です。

クラウド以外でも、アンチフォレンジックというか、悪意を持った者によるデータ隠蔽やマルウェア感染に留意したり、データベース等を利用している場合はインメモリデータベースではないか、揮発性データの保管は適切に行っているか、サーバを構築しているなどの場合には、その設定ファイルの情報も必要……等については、当然配慮する必要があります。

しかしながら、クラウドの場合、そのシステム上に「マルチテナント」が入居していて、その構築するサーバもホスティングのものやレンタルサーバとは事なり、仮想ディスク／仮想サーバが用いられています。

このため、不用意な操作により、他の入居者のプライバシーを侵害する、というか無関係の情報、データまで入手することがないよう、十分配慮することが求められます。

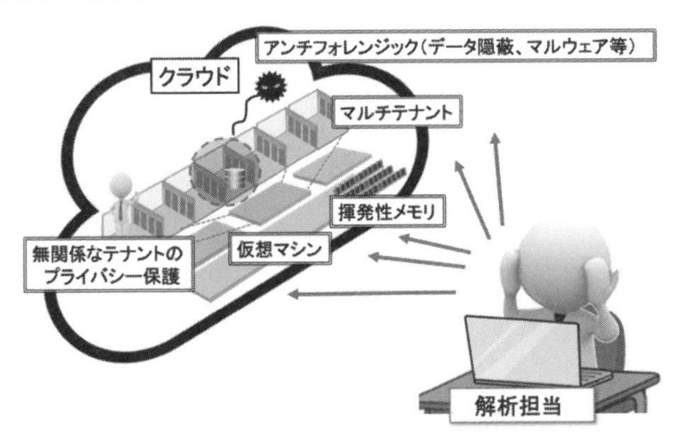

6.4.2 違法データの掲載・閲覧を容認しない

令和5年7月に施行された**「性的姿態撮影等処罰法（性的な姿態を撮影する行為等の処罰及び押収物に記録された性的な姿態の影像に係る電磁的記録の消去等に関する法律）」**でも規定されていますが、WebサイトやSNS、動画サイト等にアップロードされた盗撮画像やリベンジ／児童ポルノ画像・動画コンテンツ等は放置することなく、「削除」すべきでしょうし、これら以外にも事案対応等で違法コンテンツを削除する、という要請／指示を事業者等に行うことは、昔から法執行機関も含めて広く実施されてきたことです。

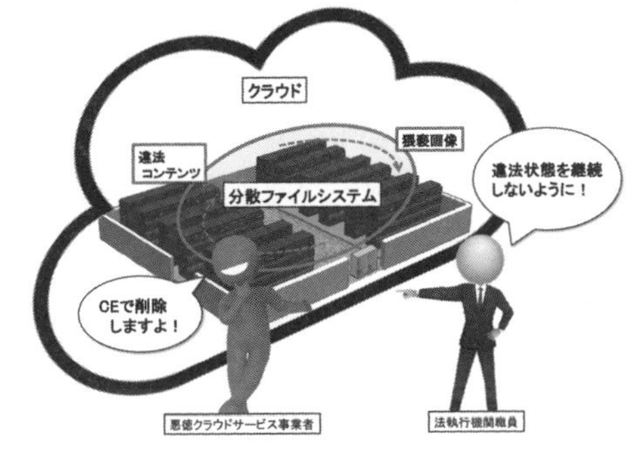

しかしながら、クラウド上のデータを根こそぎ削除する、ということは分散ファイルシステム等を用いて保存しているクラウド上のファイルの場合には、結構難しいことなので、その代わりに**CE（Cryptographic Erase）**、**「暗号化消去」**の手法が用いられます。

この手法では、データをクラウド等に記録する際に、暗号化して保管し、データの廃棄・消去が必要になった場合には暗号データを複合するための鍵を消去することでデータの複合は不可能となり、実質データを廃棄・消去したと同等になる手法です。クラウドだけでなくパソコン（Windows10 pro以上に標準搭載）でも、

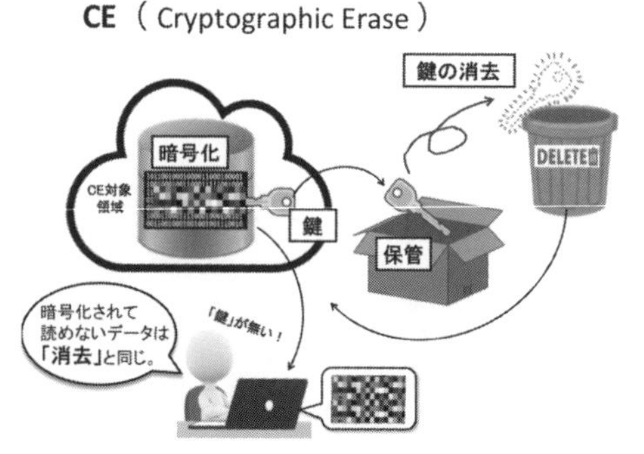

BitLockerと呼ばれる暗号化機能を用いることにより、データドライブ全体が暗号化されている場合は、暗号化鍵（回復キー）を廃棄することにより元に戻すことができなくなりますので、安全にデータ・端末を廃棄することができます、という説明が行われています。

これらは米国国立標準技術研究所（NIST）SP800-88 Rev.1 Guidelines for Media Sanitization（媒体のサニタイズに関するガイドライン）に規定されており、我が国でも政府が活用するクラウドサービスのセキュリティを評価する制度である**ISMAP（イスマップ：Information system Security Management and Assessment Program）**でも、消去に関しては、媒体を物理的に破壊する**物理的消去**、媒体を消磁装置により抹消する**電磁的消去**と並んで、**暗号化消去**も消去手法として認められています（**「政府統一基準（政府機関等のサイバーセキュリティ対策のための統一基準群）」**でも第3版以降に記載）。

データ適正消去実行証明協議会（ADEC：Association of Data Erase Certification）でも、クラウド環境の論理記憶領域については、公開している**「データ消去技術ガイドブック【別冊】 暗号化消去技術編」**で詳細に説明しています。

CEを使用することで、物理的消去や上書き消去（データの“1”で上書き後、“0”で上書きし、さらにその後ランダムデータを書き込む三重の上書き手法等）等の手法に比較して遥かに高速にデータの抹消処理を行うことができる、ということからストレージ容量が大容量化し、クラウドの普及等、電磁的記録媒体の取扱いがユーザ自

身では把握できない現代の利用環境において、急速に普及してきました。

暗号化消去は、適切な暗号を設定することで成り立っています。もし、暗号鍵の管理が不十分であれば、復号されてしまうリスクもあります。

媒体等も含め、全ての場合に安易に「暗号化消去」を認めてよいものか、適切な暗号化手法が行われているのかなど、データの削除要請時にも注意が必要です。

フォレンジック・ツールは正しく利用する

障害やサイバー攻撃の状況を把握して原因を究明したり、ミスや事故を未然に防止するための様々なツールやサービスが登場しています。

フォレンジックのために、このようなツールやサービスを利用しようとする際には、これらが機能的に十分なものかどうか、という点だけでなく、使用目的に合致しているか、そのツールやサービスが合法的でデータ取得の際に不正アクセス手法等を利用するものではないかなどの点にも留意した上で、機密情報や個人情報の窃取等悪用しない、ということを改めて認識していただきたいと思います。

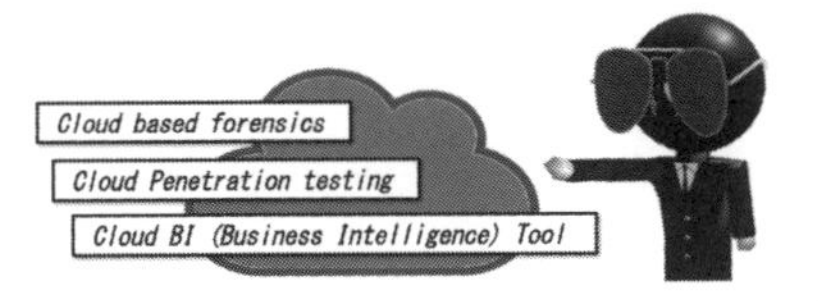

索　引

【あ】

【か】

【さ】

【た】

【な・は】

【ま・ら・わ】

あとがき

『クラウド・フォレンジックの基礎』をお読みいただき、ありがとうございます。

「クラウドサービス」では、多くの用途に応じて様々な形態のサービスが提供されています。

利用する組織にとっては、非常に利便性が高く、目的の事業や業務を速く低コストで構築することも可能ですし、その保守管理体制も、かつてのような大規模データセンターを自前で構築し、Webサイトのセキュリティ・メンテナンスを定期的に実施していた時代に比べれば、非常にこじんまりとしたもので十分となっています。

現在は「クラウド社会の到来」ともいうべき時代で、その技術やサービスの内容や形態が日々変化しています。その変化や技術進歩を知悉した上でシステムを構築し、さらにセキュリティ面でも、継続的な更新を行い最新の防御体制を取っている、と明言できる組織がどれほどあるのでしょうか？

クラウドベンダーも自社の優越性を誇るために、技術の囲い込みを行っているのかもしれません。決して全ての仕様や技術がオープンではない状況で、サイバー犯罪・サイバー攻撃等が発生した場合にはどのようにすればよいのだろうか、ということから本書を書きはじめました。残念ながら、ほんの入口までしか到達できておりませんし、法的な課題にも触れておりません。

なるべく絵を多く入れて、わかりやすく、というコンセプトで書いてはみたのですが、今後の技術やサービスの進化・分化に遅れないようにしながら、さらに具体的かつ内容の深化も図ってまいりたいとは考えております。是非皆様のご要望・ご指摘、叱咤激励等をいただければ幸いです。

令和７年１月

一般財団法人　保安通信協会

保安通信部長　　羽室　英太郎

○編集委員会（編著）

（保安通信協会　調査研究部会：セミナー・出版分科会、デジタル・フォレンジック分科会）

・羽室　英太郎　（保安通信協会：セミナー・出版分科会長）
・塚田　正司　（保安通信協会）
・信原　一成　（保安通信協会）
・見垣　実男　（保安通信協会）

・小瀬　聡幸　（AOSデータ株式会社：デジタル・フォレンジック分科会）
・隅野　晴雪　（AOSデータ株式会社）

クラウド・フォレンジックの基礎

令和7年2月15日　初 版 発 行

編著者　一般財団法人保安通信協会
発行者　星　　沢　　卓　　也
発行所　東京法令出版株式会社

112-0002　東京都文京区小石川5丁目17番3号　03(5803)3304
534-0024　大阪市都島区東野田町1丁目17番12号　06(6355)5226
062-0902　札幌市豊平区豊平2条5丁目1番27号　011(822)8811
980-0012　仙台市青葉区錦町1丁目1番10号　022(216)5871
460-0003　名古屋市中区錦1丁目6番34号　052(218)5552
730-0005　広島市中区西白島町11番9号　082(212)0888
810-0011　福岡市中央区高砂2丁目13番22号　092(533)1588
380-8688　長野市南千歳町1005番地
〔営業〕TEL 026(224)5411　FAX 026(224)5419
〔編集〕TEL 026(224)5412　FAX 026(224)5439
https://www.tokyo-horei.co.jp/

ISBN978-4-8090-1488-8